Studienabbruch, na und!

Impressum

Bibliographische Information Der Deutschen Bibliothek:
Die Deutsche Bibliothek verzeichnet diese Publikation in der Deutschen Nationalbibliographie; detaillierte bibliographische Daten sind im Internet über http://dnb.ddb.de abrufbar.

BW Bildung und Wissen
Verlag und Software GmbH
Südwestpark 82
90449 Nürnberg
Tel 0911/9676-175
Fax 0911/9676-189
E-Mail: serviceteam@bwverlag.de
http://www.bwverlag.de

Umschlaggestaltung und Layout: Karin Lang, Nürnberg
Titelfotos: www.photocase.de (Foto oben – Frank Erler; Foto unten – Markus Spiske, www.raumrot.info)
Lektorat und Satz: folio · Marion Voigt, Zirndorf
Druck: Druckhaus-Oberpfalz, Amberg

ISBN 3-8214-7644-3

Christine Öttl & Gitte Härter

Studienabbruch, na und!

So geht's weiter:
Potenziale erkennen – erfolgreich bewerben –
selbstbewusst auftreten

jobs ▪ business ▪ future
www.jobs-business-future.de
Bildung und Wissen Verlag

Vorwort 7
Dank 9

1. Einleitung 11
Kein „Vorbildstudent"? 11
Die äußeren Grenzen akzeptieren 15
Die inneren Hindernisse überwinden 15
Interview: Stefan Marotzki, School of Life Science, Hamburg 17
Die Persönlichkeit wird immer wichtiger 20
Fachliche Defizite lassen sich leichter ausgleichen 24
Interview: „Ich wollte nie studieren – aber um mich rum fand jeder, ich sollte." 25

2. Vorbereitung/Planung 27
Vorbereitung: das A und O 27
Wie war das mit dem Studium? Wie stehe ich dazu? 32
Interview: Gerhard Steger, ETA GmbH, Altdorf 41
Was kann ich? Was habe ich alles gelernt? 45
Was für eine Persönlichkeit bin ich? 50
Welche Erwartungen habe ich an den Job? 66
Meine Gehaltsvorstellungen 74
Vielfältige Möglichkeiten der Jobsuche 77
Wie komme ich an Informationen über ein Unternehmen? ... 85
Interview: „Das Studium wurde mir zu abstrakt." 88

3. Erfolgreich schriftlich bewerben 91
Die Bewerbungsmappe 96
Deckblatt – oder nicht? 102
Das Anschreiben 105
Interview: Karl Trageiser, GULP, München 125
Der Lebenslauf 129
Das Tätigkeitsprofil 146
Das Bewerbungsbild 148

Die Anlagen: Zeugnisse & Zertifikate 156
Der Versand 160
Die Kurzbewerbung 163
Interview: „Das konnte auch nie was werden: Ich selbst stand nie dahinter.“ 165

4. Die Online-Bewerbung 167
Online-Jobbörsen 168
Interview: Oliver Wilken, jobrobot.de, Hamburg 169
Firmen-Homepages 171
Die E-Mail-Bewerbung 173
Ihre eigene Bewerber-Homepage 182
Interview: „Rückblickend lag der Fehler in der Wahl des Studienfachs.“ 184

5. Das Bewerbungsgespräch 187
Wie läuft so ein Gespräch ab? 190
Mit der Nervosität besser umgehen 192
Den „Makel“ gut präsentieren 200
Interview: Marcus Wilke, OTTO GmbH & Co. KG, Hamburg 206
Welche Fragen kommen auf mich zu? 209
Selbst Fragen stellen 225
Telefonieren im Bewerbungsprozess 229
Probetag oder „Schnupperwoche“ 234
Das Assessment-Center 235

Anhang 239
Buchtipps 239
Webtipps 240
Über die Autorinnen 242

Vorwort

Im Bewerbungsprozess kommen bei vielen, die nicht zu den so genannten High Potentials zählen, also ihr Studium nicht in Mindeststudienzeit und mit Bravour absolviert haben, Fragen, Unsicherheiten, Zweifel und oft genug auch Frust auf.

„Ich habe fast doppelt so lange studiert wie meine Kommilitonen. Wie kaschiere ich das am besten?" oder „Kurz vor der letzten Prüfung habe ich mein Studium geschmissen. Haben Sie ein paar gute Tipps für mich, wie ich mich am besten rauswinden kann, wenn ich das erklären soll?" Immer wieder werden uns diese und ähnliche Fragen gestellt. Der Wunsch, sich von seiner besten Seite zu zeigen, und der Impuls, all das unter den Tisch zu kehren, worauf man weniger stolz ist oder womit man sich möglicherweise selbst Steine in den Weg legen könnte, ist natürlich verständlich und nachvollziehbar. Aber Versteckspielen oder reine Kosmetik sind nicht die richtigen Mittel, um einen erfolgreichen Einstieg ins Arbeitsleben zu schaffen.

Wer keine vorbildliche Karriere als Student hinter sich hat, läuft Gefahr, nur mehr die „Mankos" in seinem Lebenslauf zu sehen und sie als riesigen Stolperstein für die Zukunft zu interpretieren. Doch Noten und Zeugnisse sagen nicht unbedingt sehr viel darüber aus, welche Qualitäten und persönlichen Voraussetzungen jemand mitbringt, um ein guter Mitarbeiter zu sein und tatkräftig zum Erfolg des Unternehmens beizutragen. Wie motiviert und engagiert jemand ist, wie gut jemand sich in ein bestehendes Team einordnen und mit anderen zusammenarbeiten kann, ob jemand Ideen hat und wie effizient er sie in die Tat umsetzen kann – all das, was im konkreten Arbeitsalltag wichtig ist, lässt sich nicht aus dem Studienverlauf und den Noten herauslesen.

Das wissen auch die Unternehmen und schauen deshalb nicht mehr nur auf Abschlüsse und Noten, sondern legen darauf Wert, den Bewerber als ganze Persönlichkeit, mit allen Fähigkeiten, Talenten und Erfahrungen kennen zu lernen.

Natürlich ist und bleibt das nicht abgeschlossene oder überdurchschnittlich lange Studium ein zentrales und wichtiges Thema, das mit Sicherheit zur Sprache kommen wird und mit dem sich jeder intensiv beschäftigen muss. Und natürlich sind und bleiben bestimmte Berufe, Positionen oder Unternehmen, die ein abgeschlossenes Studium voraussetzen, verschlossen. Das ist eine Tatsache, mit der man leben muss. Aber gerade heute steht jedem eine Vielzahl beruflicher Möglichkeiten offen. Es geht darum, diese Chancen zu nutzen und den passenden Job im passenden Unternehmen zu bekommen. Ganz wichtig ist, wie man zu sich, seinen Entscheidungen und dem eigenen Werdegang steht. Der vielversprechendste Weg ist:

- Vermitteln Sie Ihre Beweggründe und machen Sie die Entscheidung damit nachvollziehbar.
- Stehen Sie hinter Ihrer Entscheidung.
- Machen Sie den „Makel" wett, indem Sie fachlich und persönlich überzeugen.

Wie Sie das erreichen können, darum geht es in diesem Buch.

Christine Öttl und Gitte Härter

Dank

Wir bedanken uns herzlich bei unseren Experten:

Stefan Marotzki
Schulleiter und Toxikologe, School of Life Science, Hamburg
www.uke.uni-hamburg.de

Gerhard Steger
Personalleiter der ETA Elektrotechnische Apparate GmbH,
Altdorf, www.e-t-a.de

Karl Trageiser
Geschäftsführer, GULP Information Services, München
www.gulp.de

Oliver Wilken
jobrobot.de, Hamburg
www.jobrobot.de

Marcus Wilke
Personalreferent Recruitment, OTTO GmbH & Co. KG,
Hamburg, www.otto.de

1. Einleitung

Kein „Vorbildstudent“?

Ja, da kann man schon ins Grübeln kommen. Denn gefragt sind allem Anschein nach nur noch die so genannten „High Potentials“: Hochschulabsolventen, die ihr Studium in Mindestzeit und mit Bravour durchgezogen haben, oft mehrere Sprachen beherrschen, über Auslandserfahrung verfügen und und und. Alles scheint sich seit einigen Jahren nur um sie zu drehen.

Keine rosigen Aussichten also für alle, die nicht zu den „High Potentials“ zählen, weil sie kein super Studium hingelegt und die Regelstudienzeit deutlich überschritten haben – gerade in wirtschaftlich schwierigeren Zeiten? Interessiert sich überhaupt noch jemand für all jene, die mehrere Semester studiert und dann das Studienfach gewechselt haben oder ohne Abschlussexamen von der Uni gegangen sind?

Das sind gar nicht so wenige, wie Studien der Hochschul-Informations-System-GmbH (HIS) in Hannover aus den Jahren 1998 und 2002 belegen. Ungefähr 70 000 Studierende pro Jahr brechen in Deutschland ihr Studium ab. Das entspricht immerhin etwa einem Viertel aller Studienanfänger eines Jahrganges.

Aus welchen Gründen so viele ihr Studium nicht abschließen? Auch zu dieser Frage gibt es bereits mehrere Studien. Im Jahr 2002 wurde eine repräsentative Befragung von Studienabbrechern des Exmatrikulationsjahrganges 2000/2001 durchgeführt, um dieses komplexe Phänomen zu durchleuchten. Die folgenden Informationen stammen aus dem Projektbericht der HIS vom März 2003.

Im Projektbericht der HIS aus dem Jahr 2003 (*Ursachen des Studienabbruchs, Analyse 2002* von Ulrich Heublein, Heike Spangenberg und Dieter Sommer) werden folgende **vier Kategorien von Ursachen** für einen Studienabbruch angeführt.

1. Wandel der Tätigkeitsprioritäten vom Studium zur Berufstätigkeit
   Ein solcher Wandel kann sich aus unterschiedlichen Gründen vollziehen – aus finanziellen Notwendigkeiten, konkreten Beschäftigungsangeboten oder einfach aus stärkeren praktischen Ambitionen.

2. mangelnde Studieneinstellungen und Studienbefähigungen
   Dies korrespondiert häufig mit fehlenden Hilfestellungen und Orientierungsleistungen von Seiten der Hochschule.

3. fehlende Studienleistungen
   Auch sie können sich in den unterschiedlichsten Formen äußern, generell gilt aber, dass Studienanforderungen nicht bewältigt werden.

4. persönliche Probleme
   Dabei handelt es sich im Wesentlichen um familiäre Konfliktkonstellationen oder um Erkrankungen, die eine Fortführung des Studiums aus Sicht der betreffenden Studienabbrecher unmöglich machen.
   (vgl. Heublein/Spangenberg/Sommer, Seite VIII)

Zu der Entscheidung, das Studium abzubrechen, kommt es meistens aus mehreren Motiven – wobei ein Motiv die zentrale Rolle spielt und letztendlich den Ausschlag gibt. Als **konkrete einzelne Studienabbruchmotive** werden in der Studie die folgenden acht angeführt:

1. berufliche Neuorientierung
   17 Prozent der Studienabbrecher geben ihr Studium vor allem deshalb auf, weil sie eine beruflich-praktische Tätigkeit dem theoretisch-wissenschaftlichen Arbeiten vorziehen.

2. finanzielle Motive
   17 Prozent nennen finanzielle Schwierigkeiten als ausschlaggebende Ursache für den Studienabbruch. Das sind zum einen finanzielle Engpässe und zum anderen die Unmöglichkeit, das Studium und die für dessen Finanzierung nötige Berufstätigkeit miteinander zu vereinen.

3. mangelnde Studienmotivation
   16 Prozent schließen ihr Studium hauptsächlich deshalb nicht ab, weil sie sich weder mit dem Fach noch mit den damit verbundenen beruflichen Perspektiven und Möglichkeiten identifizieren.

4. problematische Studienbedingungen
   8 Prozent geben Probleme mit den Studienbedingungen als Hauptmotiv für ihren Studienabbruch an.

5. mangelnde Studienleistungen
   Etwa 8 Prozent geben das Studium auf, weil sie den Anforderungen nicht gerecht werden. Und zwar keineswegs wegen nicht bestandener Prüfungen, sondern weil sie daran zweifeln, für das Studium geeignet zu sein, sich grundsätzlich überfordert fühlen oder den Leistungsdruck nicht ertragen.

6. familiäre Problemlagen
   Etwa 8 Prozent geben das Studium aus familiären Verpflichtungen auf: Notwendige Betreuungs- und Hilfeleistungen

machen es unmöglich, das Studium weiterzuführen und abzuschließen.

7 Versagen in Prüfungen
Ungefähr 8 Prozent verlassen die Hochschule ohne Abschluss, weil sie an Prüfungen scheitern – obwohl sie sich in der Regel stark mit Fach und Studium identifizieren und das Studium abschließen wollen.

8. Krankheitsgründe
5 Prozent können ihr Studium wegen einer Erkrankung nicht abschließen.

aus: Ulrich Heublein, Heike Spangenberg und Dieter Sommer, *Ursachen des Studienabbruchs, Analyse 2002,*
© HIS Hochschul-Informations-System-GmbH,
Goseriede 9, 30159 Hannover
Internet: www.his.de

Zurück zur Frage: Haben heutzutage am Arbeitsmarkt nur noch Leute mit sehr guten Abschlüssen Chancen?

Die Antwort lautet ganz klar: nein. Denn wie immer ist das, was gerade groß und breit durch die Medien geht, spektakulär und spiegelt nur einen Teil der Realität da draußen wider. Der Arbeitsmarkt ist riesig und vielfältig und bietet außerdem eine immer breiter werdende Palette von Jobs, die keineswegs alle von Super-Studenten besetzt werden können. Und auch gar nicht sollen. Denn niemand kann alles, niemand passt in jedes Arbeitsumfeld, und niemand bringt für alle Aufgaben die erforderlichen fachlichen und persönlichen Qualitäten mit.

Die äußeren Grenzen akzeptieren

Wahr ist aber auch, dass Ihnen bestimmte Wege verschlossen bleiben, wenn Sie kein abgeschlossenes Studium vorzuweisen oder die Regelstudienzeit deutlich überschritten haben. Denn:

- Es gibt Unternehmen, die Studienabbrecher prinzipiell nicht einstellen.
- Es gibt Berufe und Positionen, die ohne Examen – oft sind auch sehr gute Noten erforderlich – nicht erreicht werden können.

Das sind die äußeren Hindernisse und Beschränkungen, die sich nicht beiseite schieben lassen. Schwierig ist die Sache dann, wenn Sie nicht zu Ihrem Werdegang stehen und von Anfang an nur eine Spitzenposition akzeptieren wollen. Oder wenn Sie sich so bewerben und solche Ansprüche an Aufgaben, Verantwortungsbereiche und Gehalt stellen, als hätten Sie einen Hochschulabschluss in der Tasche. Sich über Wert verkaufen zu wollen klappt nicht und führt zwangsläufig zu Absagen und damit zu Frustration. Bestimmte Türen lassen sich nun mal nur mit einem Hochschulabschluss und guten Noten öffnen.

Der erste Schritt besteht also darin, die Realität zu akzeptieren, die verschlossenen Türen links liegen zu lassen und Ausschau nach den offenen zu halten.

Die inneren Hindernisse überwinden

Viele, die nicht zu den Vorbildstudenten zählen, blockieren sich selbst, weil sie ihre ganze Aufmerksamkeit auf die Chancen und Möglichkeiten richten, die sie sich selbst verbaut haben. Hüten

Sie sich davor, mit sich selbst zu hadern, zu grübeln und sich Vorwürfe wegen Ihres Studienverlaufes zu machen, die Vergangenheit nur negativ zu sehen und sie am liebsten verstecken zu wollen. Die Gefahr ist sehr groß, dass Sie als Nächstes zu spekulieren beginnen, wie viele Chancen Sie überhaupt auf einen Job haben. Und schon kommen Zweifel, Ängste und jede Menge Fragen hoch:

„Welches Unternehmen ist schon an einem Studienabbrecher interessiert? Wo doch eine fundierte und abgeschlossene Ausbildung so wichtig ist! Nicht nur wegen des fachlichen Know-hows, sondern auch weil damit Zielstrebigkeit, Durchhaltevermögen und Engagement unter Beweis gestellt werden. Wer nicht fertig studiert hat, wird doch von vornherein in die Ecke des Versagers und Bequemen gestellt. Oder man zweifelt an meiner Intelligenz. Warum sonst schmeißt jemand sein Studium?"

Oder: „Welche Chancen sollte ich haben, wo ich fast doppelt so lange studiert habe wie andere? Liegt doch auf der Hand, was Firmen über so jemanden wie mich denken: faul, nicht besonders schlau, verantwortungslos, vielleicht den Eltern auf der Tasche gelegen. Wie sonst kann man es sich leisten, so lange zu studieren?"

Stopp: Lassen Sie sich nicht in diesen Strudel negativer Gedanken hineinziehen! Denn so verstellen Sie sich selbst den Blick auf all das, was Sie gelernt und sich angeeignet haben. Sie werden blind für die Tatsache, dass Sie über eine Menge fachlicher und persönlicher Qualitäten verfügen, die am Arbeitsmarkt sehr wohl gefragt sind. Sie demoralisieren sich selbst und verlieren den Blick für die Potenziale, die in Ihnen schlummern. Und Sie demontieren Ihr Selbstwertgefühl so stark, dass Sie weit unter Ihren Möglichkeiten bleiben, wenn Sie zu einem Bewerbungsgespräch eingeladen werden. Tun Sie sich das nicht an!

Akzeptieren und respektieren Sie für sich selbst, dass Sie Ihr Studium abgebrochen oder so lange dafür gebraucht haben. Werden Sie sich klar darüber, aus welchen Gründen Ihr Studium so gelaufen ist. Konzentrieren Sie sich darauf, was es Ihnen gebracht hat, was Sie sich in der Zeit alles aneignen konnten, und werden Sie sich Ihrer Potenziale, Talente und Ihrer persönlichen Kompetenzen bewusst. Wichtig ist, dass Sie sich selbst gut kennen, von sich überzeugt sind, die Verantwortung für Ihr Leben übernehmen und wissen, wo Sie hinwollen – und sich als positive, engagierte und motivierte Persönlichkeit präsentieren. Dann werden sich Ihnen viel mehr Türen öffnen, als Sie jetzt vielleicht denken.

Die Zeichen der Zeit stehen auf jeden Fall günstig. Denn viele Unternehmen schauen keineswegs nur auf Abschlüsse und Noten. Zwei Entwicklungen sind in der Arbeitswelt seit Jahren zu beobachten und greifen immer stärker um sich:

- die Überzeugung, dass in erster Linie die persönlichen Qualifikationen der Mitarbeiter den Ausschlag geben für den Erfolg eines Unternehmens,
- die Erkenntnis, dass sich fachliche Defizite leichter ausgleichen lassen als persönliche.

Interview

„Die drittgrößte Gruppe ohne Ausbildung sind nicht Haupt- oder Realschüler, sondern Abiturienten.“

Stefan Marotzki, Schulleiter und Toxikologe, School of Life Science, Hamburg

Die School of Life Science ist eine Berufsfachschule für Biologisch-Technische Assistenz mit den Schwerpunkten Biochemie,

Molekularbiologie und Bioinformatik. Sie bietet ein Ausbildungsprogramm speziell für Studienabbrecher. Wie kam es dazu?

S. M.: Im Bereich Biotechnologie gibt es zu wenig Ausbildungsplätze. Vor einigen Jahren habe ich, gemeinsam mit der Staatlichen Gewerbeschule in Hamburg, die Ausbildung zum Biologisch-Technischen Assistenten (BTA) entwickelt und in die Praxis umgesetzt. Im Frühjahr 2004 habe ich dann die „School of Life Science“ gegründet. Wir sind eine 100-prozentige Tochter des Universitätsklinikums Hamburg-Eppendorf (UKE) und bilden als staatlich genehmigte Berufsfachschule Studienabbrecher, bevorzugt über 25 Jahre, zum BTA aus.

Warum über 25 Jahre alt?

S. M.: Ich stehe in regem Kontakt mit dem Hochschulteam der Arbeitsagentur. Wenn man heute über 25 Jahre alt ist, hat man so gut wie keine Chance mehr auf eine Erstausbildung – einen 26-jährigen Lehrling stellt keiner ein. Wir wollten hier eine Lücke schließen und gezielt Berufschancen für ältere Abbrecher bieten. Eine interessante Information: Die drittgrößte Gruppe ohne Ausbildung sind nicht Haupt- oder Realschüler, sondern Abiturienten!

Derzeit läuft der erste Studiengang. Aus welchen Fachrichtungen kommen die Studenten?

S. M.: Querbeet. Momentan haben wir Leute, die Ägyptologie, Elektrotechnik, Maschinenbau, Biologie, Chemie, Medizin, Philosophie oder auf Lehramt studiert und abgebrochen haben.

Was macht man als BTA eigentlich?

S. M.: Die Biotechnologie ist ein Zukunftsmarkt, wo gute Leute immer gesucht werden. Die Einsatzgebiete sind vielfältig:

- Krankenhäuser (‚Tissue Engineering', z. B. Haut oder Knorpel wachsen lassen)
- Rechtsmedizin (z. B. DNA an einer Zigarettenkippe untersuchen)
- Lebensmittelsicherheit (z. B. Eis auf Salmonellen prüfen)
- Forschungseinrichtungen wie das Bernhard-Nocht-Institut in Hamburg, die Max Planck oder Fraunhofer Institute
- Industrie (Pharma, Kosmetik etc.)

Übrigens: Der Beruf ist besonders familienfreundlich: Allein im UKE arbeiten ungefähr 520 Technische Assistentinnen, von denen rund ein Drittel teilzeitbeschäftigt sind!

Wie sind die Aufnahmebedingungen?

S. M.: Wir haben kein formelles Aufnahmeverfahren. Es gibt ein intensives, zweistündiges Bewerbungsgespräch. Ich erzähle allen Studenten, was auf sie zukommt. Die Ausbildung ist sehr intensiv, was Theorie und Praxis angeht. Hier wird keinem etwas geschenkt! Auswahlkriterien sind für mich, dass Bewerber aufgeweckt sind, ein hohes Verantwortungsbewusstsein und Pflichtgefühl haben – immerhin sind sie hinterher auch eigenverantwortlich für etwas zuständig, und die Kollegen müssen sich auf die Qualität der abgelieferten Arbeit verlassen können.
Außerdem ist es wichtig, dass die Bewerber ordentlich sind. Damit meine ich vor allen Dingen auch die Ordnung im Kopf: logisch denken können.
Fleiß ist ebenfalls elementar. Zum einen sind die zwei Jahre Ausbildung kein Zuckerschlecken, sondern jeder hier wird wirklich gefordert. Zum anderen sind es hinterher Hightech-Facharbeiter.
Wenn ich im Gespräch den Eindruck gewinne, dass diese Voraussetzungen gegeben sind und mich die Leute persönlich überzeugen, dann haben sie den Ausbildungsplatz.
Fachlich fängt der Unterricht sowieso bei null an. Unsere Ausbilder kommen aus dem wissenschaftlichen Mittelbau. Wir unterrichten

an der School of Life Science und bilden uns in den Instituten weiter, aus denen wir ursprünglich kommen. Dort leiten wir weiterhin unseren eigenen Arbeitskreis. Dadurch sind wir im Unterricht aktuell und am Puls der Zeit. Die SchülerInnen werden von LehrerInnen unterrichtet, die gleichzeitig LaborleiterInnen sind. Dies ist unser Alleinstellungsmerkmal, das uns von allen anderen Berufsfachschulen unterscheidet. So können wir ein einmalig hohes technisches Ausbildungsniveau kombinieren mit einem Höchstmaß an individueller Einzelbetreuung.

Kontakt: School of Life Science, Stefan Marotzki,
E-Mail: Marotzki@UKE.Uni-Hamburg.de
Internet: www.uke.uni-hamburg.de oder www.ihf.de

- Studiengänge starten jeweils zum 1. Februar.
- Ungefähr 25 Teilnehmer pro Klasse.
- Die Ausbildung kostet nichts.
- Die School of Life Science wird von 2004 bis 2006 vom Europäischen Sozialfonds gefördert. Dann setzt die Förderung der Stadt Hamburg ein.

Die Persönlichkeit wird immer wichtiger

Gerade in den letzten Jahren – im Zuge von Rationalisierung und Umstrukturierungen – wurde immer klarer, welch große Rolle die Persönlichkeit der einzelnen Mitarbeiter und das Zusammenspiel untereinander für den Unternehmenserfolg spielen. Die so genannten Soft Skills rücken immer mehr in den Mittelpunkt, weil sie von fundamentaler Bedeutung für das Engagement und die Leistungsfähigkeit des Einzelnen, die Zusammenarbeit mit Kollegen wie Vorgesetzten und damit für die Ergebnisse und den Erfolg sind.

Unternehmen brauchen und suchen Mitarbeiter, die ihre Position voll ausfüllen, dauerhaft gute Leistungen bringen, mit ihren Aufgaben wachsen und gemeinsam an einem Strang ziehen. Lange Zeit galten ein hoher Intelligenzquotient (gemessen wird die akademische Intelligenz, also mathematisch-logische und verbale Kompetenz) sowie gute Schulnoten und -abschlüsse als Garanten für Effizienz und Produktivität im Arbeitsleben. Doch sowohl wissenschaftliche Ergebnisse der Intelligenzforschung als auch die Erfahrungen im Arbeitsalltag zeigen, dass man im praktischen Arbeitsleben mit logisch-analytischem Vorgehen alleine nicht wirklich vorankommt. Nur 20 Prozent von Erfolg oder Misserfolg sind auf den so hoch geschätzten IQ zurückzuführen, so der amerikanische Psychologe Daniel Goleman. In seinem Buch *Emotionale Intelligenz* (erschienen 1995) geht es darum, sinnvoll mit den eigenen und den Gefühlen anderer umzugehen. Der Titel stieß auf großes Interesse und wurde nicht nur in den USA ein Bestseller. Die Arbeit ist immer von Interaktionen mit anderen Menschen geprägt, und je besser man mit Leuten umzugehen versteht, umso erfolgreicher kann man sein und umso mehr kann man bewegen. Gerade in der heutigen Zeit, in der Teamarbeit, zwischenmenschliche Kommunikation und Servicementalität eine so zentrale Rolle spielen, sind emotionale und soziale Kompetenzen unverzichtbare Schlüsselfähigkeiten.

Die Mitarbeiter als das wichtigste Kapital des Unternehmens, das ist nicht nur ein Schlagwort, sondern eine Erkenntnis, die sehr wohl Auswirkungen auf die Unternehmensentscheidungen hat und sehr relevant ist für die Auswahl neuer Mitarbeiter. Denn diese müssen nicht nur den fachlichen Anforderungen genügen, sondern von ihrer Persönlichkeit, ihren Einstellungen und Werten, ihrem Auftreten und ihren Umgangsformen her zum Unternehmen und in das bestehende Team passen. Werden Mitarbeiter eingestellt, die zwar fachlich kompetent sind, aber nicht gut integriert werden, wirkt sich das negativ auf die Zusammenarbeit im Team, auf die Arbeitsatmosphäre und damit die Qualität der Ergebnisse aus. Der ideale und gesuchte Mitarbeiter wird oft als „Unternehmer im Unternehmen" bezeichnet. Damit sind Leute gemeint, die die volle Verantwortung für ihren Bereich übernehmen und gleichzeitig über den Tellerrand hinausschauen, die Unternehmensziele nie aus den Augen verlieren, selbstständig und teamorientiert arbeiten. All das lässt sich jedoch nicht aus den Zeugnissen herauslesen, und gute Noten sind keine Garantie dafür, dass ein Bewerber sich im Arbeitsalltag gut bewähren, Engagement zeigen und sich ins vorhandene Team integrieren wird.

Aus diesem Grunde ziehen Personalexperten und Chefs für die Einstellung neuer Mitarbeiter nicht nur die schriftlichen Unterlagen zurate und prüfen nicht ausschließlich die fachlichen Qualitäten. Unternehmen legen zunehmend Wert darauf, sich von den persönlichen Kompetenzen und Qualifikationen der Bewerber zu überzeugen. Hier einige Beispiele, worauf bei jeder Position sehr viel Wert gelegt wird:

Wichtige persönliche Kompetenzen
Eigeninitiative
Aufgeschlossenheit für Neues
Integrationsfähigkeit
Teamorientierung
Selbstverantwortung
Kommunikationsfähigkeit
Loyalität
Lernbereitschaft (fachlich und persönlich)
Eigenmotivation
Belastbarkeit
Zielorientiertheit und Ausdauer
Konfliktfähigkeit
Lösungsorientiertheit
Fähigkeit, Prioritäten zu setzen

Die persönlichen Voraussetzungen sind für alle Aufgaben und Positionen wichtig, wobei natürlich je nach Art der Tätigkeit bestimmte Fähigkeiten in den Vordergrund rücken. So sind für alle Positionen mit direktem Kundenkontakt ausgeprägte kommunikative Fähigkeiten sowie gute Umgangsformen von fundamentaler Bedeutung. Für Führungspositionen kommen weitere Soft Skills dazu, die unerlässlich sind, um der Rolle gerecht werden zu können und einen Mehrwert für das Unternehmen darzustellen. Zum Beispiel:

Soft Skills für Führungspositionen
Organisationstalent
Durchsetzungsvermögen
Überzeugungskraft
rhetorische Fähigkeiten
Kritikfähigkeit
Entscheidungsfreude
langfristiges Denken
Motivationsfähigkeit
Fähigkeit, sich eine eigene Meinung zu bilden
– und diese zu vertreten
Integrationsfähigkeit
Menschenkenntnis
Eigenverantwortung

Wie viel Gewicht auf welche persönlichen Kompetenzen gelegt wird, hängt natürlich vom Unternehmen und/oder der zu besetzenden Position ab. Auf der einen Seite gibt es Firmen – meist konservativ-traditionelle –, die Personalentscheidungen in erster Linie aufgrund der nachweisbaren fachlichen Qualifikationen treffen. Auf der anderen Seite gibt es auch Personalentscheider und Führungskräfte, die sich überhaupt nicht für Noten und Zeugnisse interessieren, sondern ausschließlich für die Persönlichkeit des Bewerbers und all seine Potenziale. Die meisten

Unternehmen bewegen sich zwischen diesen Extremen und legen sowohl auf ein bestimmtes Maß an fachlicher Qualifikation als auch auf die persönlich-menschlichen Voraussetzungen Wert, wobei die persönlichen Kompetenzen immer stärker in den Mittelpunkt rücken und dementsprechend im Bewerbungsprozess eine zentrale Rolle spielen. Diese Chance sollten Sie auf jeden Fall gut nutzen und sich als selbstverantwortliche, engagierte und motivierte Persönlichkeit präsentieren. Dazu gehört, dass Sie souverän mit dem Thema Studienverlauf umgehen, das auf jeden Fall zur Sprache kommen wird.

Fachliche Defizite lassen sich leichter ausgleichen

Damit keine Missverständnisse aufkommen: Natürlich müssen bestimmte fachliche Voraussetzungen gegeben sein, damit man als Bewerber für ein Unternehmen interessant ist und eine Aufgabe überhaupt übernehmen kann. Wenn sich beispielsweise jemand auf eine IT-Position bewirbt und die geforderte Erfahrung mit Computer-Netzwerken nicht mitbringt, ist das natürlich nicht mit Geduld, hoher Kooperationsfähigkeit und Servicedenken auszugleichen. Die Stelle zu bekommen wäre übrigens auch gar nicht im Sinne des Bewerbers, weil der Job ihn hoffnungslos überfordern würde und er ihn mit hoher Wahrscheinlichkeit ziemlich bald wieder los wäre.

Gemeint ist, dass sich fachliche Lücken – die ein bestimmtes und vom jeweiligen Unternehmen zu bestimmendes Maß nicht überschreiten dürfen – durch entsprechende Maßnahmen (Training on the job, Kurse usw.) füllen lassen. Viel schwieriger ist die Lage, wenn ein Mitarbeiter sich persönlich verändern und weiterentwickeln müsste, um gut in seinem Job zu sein und die an ihn gestellten Anforderungen zu erfüllen. Bleiben wir beim Netzwerkexperten: Angenommen, er ist fachlich super, aber wegen seiner Umgangsformen kommt keiner mit ihm zurecht, er gibt wichtige Informationen nicht weiter und setzt seine eigenen, rein technisch motivierten Prioritäten, womit er anderen die Arbeit erschwert. Auch hier lassen sich durch Coaching und Training Verbesserungen erzielen, aber nur, wenn der Betreffende motiviert ist und konsequent an sich arbeitet.

Damit sie Fehlentscheidungen vermeiden, nutzen die Personalexperten den gesamten Bewerbungsprozess – und in erster Linie die persönlichen Gespräche –, um die Bewerber als ganze Persönlichkeit zu erfassen und so gut wie möglich kennen zu lernen. Um herauszufinden, ob und inwieweit sie den eigenen Anforderungen entsprechen und in Unternehmen und Team passen. Um die Bewerber „live“ zu erleben und sich von ihren persönlichen Qualitäten ein Bild zu machen.

Es stehen Ihnen viele Möglichkeiten offen. Profitieren Sie von diesen Entwicklungen, um nicht nur irgendeinen Job zu finden, sondern einen, der zu Ihnen passt und in dem Sie erfolgreich sein werden. Lesen Sie weiter, um zu erfahren, was dafür wichtig ist und wie Sie dieses Ziel erreichen können.

Interview

„Ich wollte nie studieren – aber um mich rum fand jeder, ich sollte.“

Evi, 35, hat ihr Studium abgebrochen:

Eigentlich wollte ich überhaupt nicht studieren, sondern Kfz-Mechanikerin werden. Jeder um mich rum hat auf mich eingeredet: „Wieso hast du denn dann Abi gemacht, da hättest du ja nach der Zehnten aufhören können.“ Meine anderen Berufswünsche waren auch etwas abstrakt – und nachdem mich jeder ausgelacht hat, hab ich eben studiert. Erst wollte ich Meteorologie studieren, aber da war so viel Physik dabei. Dann hab ich beschlossen, BWL zu studieren, um später das große Geld zu machen. Wie viele andere habe ich für BWL keinen Studienplatz bekommen. Da das Grundstudium für VWL und BWL identisch ist, habe ich VWL gewählt.

Abgesehen davon, dass ich gar nicht studieren wollte, war das ganze Konzept „Studium“ für mich schlecht, weil ich keinerlei Druck oder Kontrolle hatte. Wenn niemand nachschaut, ob ich da bin, gehe ich nicht unbedingt hin. Ich dachte, es geht so weiter wie in der Schule, dass du kurz vorher irgendwas lernst. Und dann besteht man halt. So war es aber überhaupt nicht.

Nach zirka vier Semestern habe ich gemerkt, dass ich nicht geeignet bin fürs Studium. Ich hab nie etwas getan, sondern den Herrgott einen guten Mann sein lassen. Ich hab erst mal weiterstudiert, weil ich Angst hatte, dass ich von München zurück nach Sonthofen muss, wenn ich aufhöre. Und ich wollte auch meine Eltern nicht enttäuschen. Immerhin haben die mich finanziell unterstützt, da hätte ich schon was bringen können.

Schluss war dann, als ich im siebten Semester drei Prüfungen bestehen hätte müssen – und statt zu lernen lieber zum Karneval nach Köln gefahren bin. Zu den Prüfungen bin ich einfach nicht erschienen und exmatrikuliert worden. Das war im März 1993.

Ich war richtig erleichtert, dass ich es hinter mir hatte. Aber es war mir schon verdammt unangenehm, diesen Schrieb von der Uni zu bekommen. Da hätte ich lieber vorher aufgehört. Als Makel habe ich den Studienabbruch nie empfunden: Es war einfach nichts für mich.

2. Vorbereitung/Planung

Vorbereitung: das A und O

Immer seltener werden die Bewerbungsgespräche, in denen man kurz gemeinsam den Lebenslauf durchgeht, ausschließlich die fachlichen Anforderungen der Stelle bespricht und das Know-how des Bewerbers auslotet, um sich allein auf dieser Grundlage für oder gegen einen Kandidaten zu entscheiden. Denn dieses Auswahlverfahren hat sich als zu eingleisig erwiesen und deshalb zu viele Fehlentscheidungen nach sich gezogen. Schließlich legt niemand seinen Charakter und seine Persönlichkeit ab, sobald er die Firma betritt, um während der Arbeitszeit nur noch auf der fachlich-organisatorischen Ebene zu funktionieren und seine Aufgaben perfekt zu erledigen.

Fehlbesetzungen kosten Unternehmen Zeit und Geld. Deshalb legen sie verstärkt Wert darauf, den persönlichen Voraussetzungen und Potenzialen auf die Spur zu kommen. Sie nutzen das Gespräch, um die Bewerber möglichst intensiv kennen zu lernen und ihre Persönlichkeit zu erfassen.

Das ist eine gute Nachricht für alle, die einen Job suchen, weil unter diesen Bedingungen jeder viele Möglichkeiten hat, sich mit all seinen Fähigkeiten und Talenten zu präsentieren. Ganz besonders positiv ist dieser Trend für Bewerber mit nicht perfekten und geradlinigen Lebensläufen. Sind doch „Mankos“ wie ein abgebrochenes Studium oder eine überlange Studentenkarriere nicht mehr automatisch und von vornherein K.-o.-Kriterien. Die Entwicklung „weg von den Noten und hin zur Persönlichkeit“ macht es nicht nur möglich, überhaupt in das Arbeitsleben einzusteigen, sondern bietet auch viel mehr Chancen, den passenden

Arbeitsplatz zu finden. Schließlich sind die Ziele der Unternehmen und der Bewerber ja gleich: Die Firmen suchen Mitarbeiter, die den Job sowohl von ihren fachlichen als auch von den persönlichen Voraussetzungen her gut ausfüllen können und zum Unternehmen passen. Die Bewerber ihrerseits sind auf der Suche nach Aufgaben, in denen sie ihre Fähigkeiten und Erfahrungen ausleben können. Und das in einem stimmigen Ambiente. Dass Leute nur dann erfolgreich sind und ihre Potenziale voll zum Einsatz bringen, wenn sie sich am richtigen Platz befinden, gilt mittlerweile ja als Binsenweisheit.

Der gesamte Bewerbungsprozess dient dazu, dass sich beide Seiten ein Bild voneinander machen und so feststellen können, ob sie zusammenpassen. Sie als Bewerber möchten feststellen, ob Sie mit der Aufgabe und dem Unternehmen „kompatibel" sind. Und Sie wollen sich so präsentieren, dass Sie das Unternehmen Ihrer Wahl auch von sich und Ihren Qualitäten überzeugen können. Jeder Schritt im Bewerbungsprozess ist wichtig: von der Auswahl der Unternehmen, bei denen Sie sich überhaupt bewerben wollen, über die schriftliche Bewerbung und das erste persönliche Gespräch, in dem Sie möglichst viel über Job und Firma herausfinden und sich selbst gut und authentisch präsentieren sollen, bis hin zu weiteren Gesprächen, Assessment-Center oder Probetagen, wo Sie Ihre Eindrücke vertiefen und ein klares Bild bekommen können.

Jede Menge Chancen also, die Sie nutzen sollten. Voraussetzung dafür ist, sich nicht Hals über Kopf in die Arbeitssuche zu stürzen, sondern sich sehr gut vorzubereiten. Mit Vorbereitung ist gemeint, dass Sie sich viele Gedanken über sich selbst, Ihre Persönlichkeit, Ihre Fähigkeiten, Vorlieben und Schwächen, Ihren bisherigen Werdegang, Ihre Ziele und Erwartungen machen. Sinn und Zweck der Übung liegen darin, dass Sie

- sich ganz klar darüber werden, welche Art von Tätigkeit Sie suchen und welche Voraussetzungen Sie dafür mitbringen;
- klare Vorstellungen davon haben, in welchem Umfeld Sie Ihr Bestes geben und sich weiterentwickeln können;
- ein gutes Fundament für die Bewerbungsgespräche legen, um sich authentisch präsentieren und gut verkaufen zu können;
- den „Makel" in Ihrem Lebenslauf souverän erklären und dazu stehen können;
- Kriterien haben, um sich ganz bewusst für oder gegen einen Arbeitsplatz entscheiden zu können, und
- die Wahrscheinlichkeit einer Fehlentscheidung deutlich herabsetzen, weil Sie genau wissen, was Sie suchen und was Ihnen wichtig ist.

Die Bewerbungssituation ist durchaus mit einer Prüfungssituation vergleichbar: Es geht um etwas, man kann etwas verlieren oder gewinnen, es geht darum, sich von der besten Seite zu zeigen. Und je besser die Vorbereitung, je größer der Fundus, aus dem man schöpfen kann, umso besser ist die Ausgangssituation und umso höher die Wahrscheinlichkeit, dass man das eigene Ziel auch erreicht. Sich gut vorzubereiten ist nicht nur deshalb von Vorteil, weil Sie gewappnet sind und es später im Gespräch kaum Fragen geben wird, die Sie aus der Fassung bringen oder ratlos gucken lassen könnten. Sondern auch und vor allem deshalb, weil eine gute Vorbereitung sich positiv auf das Selbstbewusstsein und die innere Sicherheit auswirkt. Sie gehen viel ruhiger und entspannter ins Gespräch, wirken souveräner, selbstbewusster und stärker. Und Sie können dadurch aus dem Vollen schöpfen.

Nur wenn Sie wissen, was Sie sowohl fachlich als auch persönlich zu bieten haben, können Sie das dem Gesprächspartner auch vermitteln. Durch das, was Sie sagen, aber auch durch das Wie: Wie Sie sprechen, wie Sie sich verhalten, wie Sie insgesamt wirken.

TIPP

Bereiten Sie sich schriftlich vor. Die Schriftform zwingt zur Konzentration und dazu, wirklich ins Detail zu gehen. Und was zu Papier gebracht wurde, nimmt man wichtiger und ernster als das, was man sich nur mal hat durch den Kopf gehen lassen.

Ein weiterer großer Vorteil: Sie können Ihre schriftliche Vorbereitung als Leitfaden für das Gespräch hernehmen. Gerne werden offene Fragen gestellt und die Bewerber dazu aufgefordert, einfach über sich zu erzählen. Da kann eine gute Struktur Gold wert sein und auch Sicherheit geben.

Natürlich denken Sie jetzt zuallererst und vielleicht sogar ausschließlich an Ihren wunden Punkt: das nicht abgeschlossene oder überdurchschnittlich lange Studium. Wie schon angesprochen, ist das ein ganz wichtiges Thema, mit dem Sie sich auf jeden Fall auseinander setzen müssen. Sie sollten jedoch nicht den Fehler machen, sich nur darauf zu konzentrieren und sich lediglich darauf vorzubereiten, wie Sie Fragen zu Ihrem Studium am besten beantworten können. Diese Fragen werden kommen, aber auch sehr viele andere. Vergeben Sie keine Chancen, indem Sie zwar wunderbar in Sachen Studienabbruch argumentieren, aber kaum etwas über Ihre Person, über Ihre Stärken, Schwächen und Ziele sagen können!

Vielleicht werden Sie die Möglichkeit haben, frei über sich selbst und Ihre bisherigen Erfahrungen zu erzählen. Dann sollten Sie auch in der Lage sein, wirklich Relevantes über sich zu sagen und ein breit gefächertes Bild Ihrer Persönlichkeit, Ihrer Fähigkeiten und Talente zu entwerfen.

Ihr Ziel im Bewerbungsgespräch ist, Ihr Gegenüber davon zu überzeugen, dass Sie die richtige Person für die ausgeschriebene Aufgabe sind. Wie Sie selbst Ihren Studienverlauf beurteilen und damit umgehen, wird wahrscheinlich eine große Rolle spielen. Schließlich kann man daraus unmittelbar auf die Persönlichkeit schließen. Aber nicht vergessen: Im Gespräch kommen sehr viel mehr Aspekte an die Reihe. Und aus der Gesamtheit der Informationen ergibt sich dann Ihr Image, das eine Zusage oder eine Absage zur Folge hat.

Investieren Sie Zeit und Energie, um sich intensiv vorzubereiten. Sie werden für alle Schritte im Bewerbungsprozess von diesem guten Fundament profitieren und

- zielsicher und überlegt die für Sie wirklich interessanten Unternehmen und Jobs auswählen (anstatt sich auf gut Glück einfach überall zu bewerben),
- aussagekräftige und interessante Anschreiben verfassen (statt nichtssagender 08/15-Briefe),
- sich im Bewerbungsgespräch ebenso souverän und authentisch wie überzeugend präsentieren.

Vieles von dem, was Sie für sich vorbereiten und worüber Sie sich klar werden, wird nicht direkt in die schriftliche Bewerbung oder in das Gespräch einfließen. Mit Sicherheit werden Sie auch nicht unbedingt alles zur Sprache bringen wollen. Auch das ist ein großes Plus einer guten Vorbereitung: Sie wissen ganz genau, auf welche Themen Sie sich nicht zu tief einlassen oder von welchen Sie geschickt ablenken wollen. Sie können sich intensiv mit für Sie problematischen und unangenehmen Themen auseinander setzen und diplomatische – aber glaubhafte und durchdachte – Antworten geben. Sie vermeiden so später, unüberlegt Dinge auszuplaudern.

Betrachten Sie eine gute Vorbereitung als Ihr geistiges Rüstzeug, um den gesamten Bewerbungsprozess gut zu meistern und nicht nur irgendeinen Job zu bekommen, sondern einen, der wirklich zu Ihnen passt. Die großen Fragenkomplexe, mit denen Sie sich intensiv auseinander setzen sollten, sind folgende:

- Wie war das mit dem Studium? Wie stehe ich dazu?
- Was kann ich? Was habe ich alles gelernt?
- Was für eine Persönlichkeit bin ich?
- Wo liegen meine Vorlieben und Interessen? Was mache ich wirklich gerne?

Lesen Sie auf den nächsten Seiten, wie Sie sich selbst am besten auf die Schliche kommen können.

Wie war das mit dem Studium? Wie stehe ich dazu?

Bestimmt brennt Ihnen dieses Thema am meisten unter den Nägeln. Möglicherweise würden Sie darüber am liebsten gar nicht nachdenken und erst recht nicht sprechen. Vielleicht sind Sie hin- und hergerissen zwischen folgenden Strategien:

- So tun, als wäre eigentlich nichts passiert, und das Thema herunterspielen und beiseite schieben.

- Nach Tipps und Tricks suchen, um den Lebenslauf aufzupolieren, und die Sache mit dem Studium so gut wie möglich kaschieren.

- Sich auf gut Glück auf alle möglichen Stellen bewerben, weil Sie denken, mit einem solchen „Manko“ im Lebenslauf nicht wählerisch sein zu dürfen und eigentlich eh so gut wie keine Chancen auf dem Arbeitsmarkt zu haben.

Tun Sie sich das nicht an! Denn mit solchen Gedanken und Strategien verbauen Sie sich die Chancen, einen ansprechenden und interessanten Job zu finden. Warum? Weil Sie in jedem Fall versäumen, sich als vielversprechenden Bewerber zu präsentieren. Schauen wir genauer hin:

Sie spielen das Thema Studium herunter

Da Ihnen das Thema unangenehm ist, beschäftigen Sie sich nicht damit, sondern hoffen, dass die Personalentscheider nicht darüber stolpern und Ihnen dann später im Bewerbungsgespräch schon irgendwas Cleveres einfallen wird. Vielleicht denken Sie auch, dass ein Studium heutzutage gar nicht mehr viel Sinn macht, weil es viel zu theoretisch ist und für das Arbeitsleben kaum etwas bringt.
Doch mit dieser Vorgehensweise vermitteln Sie, dass Sie sich wenig Gedanken über sich machen, zu Oberflächlichkeit neigen, nicht gerade vor Verantwortungsbewusstsein strotzen, unangenehme Themen wegschieben und offensichtlich überhaupt nicht von Ihrem Studium profitiert haben.

Sie versuchen, die Sache zu kaschieren

Auch dieser Weg ist gefährlich, weil Sie beschönigen, schwindeln oder gar lügen müssen.
Die Frage sollte für Sie nicht sein, mit welch gewieften Tricks Sie das lange Studium oder den fehlenden Hochschulabschluss am besten an den Mann bringen können. Schließlich geht es nicht darum, eine unbedeutende und jetzt peinliche Begebenheit zu verschweigen oder zu beschönigen, sondern um einen ganzen Lebensabschnitt und eine wichtige Erfahrung in Ihrem Leben. Wie Sie mit diesem Thema umgehen und wie wichtig Sie es nehmen, was und wie Sie darüber erzählen, wirft sehr viel Licht auf Ihre Persönlichkeit.

Sie leiden unter dem „Makel"

Kontraproduktiv und überhaupt nicht sinnvoll ist es auch, darüber zu spekulieren, wie negativ es wohl bei einem Arbeitgeber ankommt und für welchen Versager oder Faulenzer man Sie halten wird, weil Sie Ihr Studium nicht abgeschlossen oder so lange dafür gebraucht haben. Wenn Sie so denken, werden Sie langsam, aber sicher zum Pessimisten. Sie sehen schwarz, unterschätzen sich selbst, verlieren den Blick für Ihre Fähigkeiten und positiven Eigenschaften und sind davon überzeugt, keine Chance zu haben. Leider strahlen Sie diese innere Einstellung aus und bringen sich so selbst um Ihre Chancen, sich so zu präsentieren, dass ein potenzieller Arbeitgeber Interesse an Ihnen haben wird. Und je ungezielter Sie sich bewerben, umso mehr häufen sich die Absagen, was sich natürlich immer negativer auf Ihre Stimmung auswirkt.

TIPP

Setzen Sie sich intensiv mit Ihrem Studium auseinander, um mit diesem Thema souverän und verantwortungsvoll umgehen zu können. Nur dann werden Sie andere davon überzeugen, dass Sie auch aufgrund Ihrer persönlichen Qualitäten eine Bereicherung für ein Unternehmen sind.

Am besten versetzen Sie sich mal selbst in die Lage des Personalentscheiders. Was würden Sie von einem Bewerber halten, der nichts weiter zu seinem Studienabbruch zu sagen hat, als dass es alles einfach nicht so gelaufen ist, wie er sich das ursprünglich vorgestellt hatte? Argumentiert so der motivierte und engagierte Mitarbeiter, den Sie suchen? Wohl kaum. Oder wie sehr könnte Sie jemand von seinen Qualitäten überzeugen, der eigentlich gar nicht recht weiß, warum alles so gekommen ist, und dem das ganze Thema einfach nur unangenehm ist? Mit Sicherheit würden Sie einem anderen Bewerber den Vorzug geben. Wohlgemerkt: Nicht wegen des fehlenden Studienabschlusses oder der übermäßig langen Dauer! Sondern wegen der mangelhaften Argumentation, die einfach an der Integrität und der Persönlichkeit zweifeln lässt.

Vergeben Sie keine Chancen, sondern setzen Sie sich intensiv mit Ihren Studienerfahrungen auseinander. Nutzen Sie die Zeit dafür,

Klarheit in Ihrem Kopf zu schaffen und sich gut vorzubereiten. Gehen Sie in sich und werden Sie sich vor allem auch klar darüber, was Sie sich während Ihres Studiums alles angeeignet haben – nicht nur auf der fachlichen Ebene, sondern auch im Persönlichen.

Denn es liegt in Ihrer Hand, ob Sie das Studium als den größten Fehler Ihres Lebens und als vergeudete Zeit präsentieren, zu dem andere Sie verleitet oder zu dem Ihre Eltern Sie gedrängt haben. Oder ob Sie die Verantwortung für Ihre eigenen Entscheidungen übernehmen und dazu stehen. Sie selbst bestimmen, wie stichhaltig und überzeugend Sie Ihre Entscheidungen begründen können und wie glaubwürdig und vertrauenswürdig Sie bei Ihrem Gegenüber ankommen. „Ehrlichkeit" gehört allen Unkenrufen zum Trotz noch immer zu den persönlichen Qualitäten, die sowohl im Privatleben als auch im Arbeitsbereich hoch geschätzt werden und die viele Türen öffnen.

Der Studienabbruch als Kurskorrektur

Versuchen Sie, Ihren Werdegang aus einer anderen, positiven Perspektive zu betrachten. Warum den Studienabbruch nicht als Kurskorrektur interpretieren? Immer wieder – auch im Berufs- und Privatleben – kommt es vor, dass Menschen plötzlich oder allmählich klar wird, dass sie nicht auf dem richtigen Weg sind. Dass das, was sie gerade machen, nicht zu ihnen passt und nicht ermöglicht, die eigenen Fähigkeiten und Vorlieben auszuleben. Wie viele gehen täglich einer Tätigkeit nach, für die sie sich irgendwann entschieden haben und die sie nicht wirklich mögen! Nur 28 Prozent der Beschäftigten in Deutschland – so Madeleine Leitner im Vorwort der deutschsprachigen Ausgabe des Weltbestsellers *Durchstarten zum Traumjob* von Richard Nelson Bolles – haben Spaß an dem, was sie Tag für Tag tun.

Ist es da nicht konsequenter und letztendlich im Sinne aller Beteiligten, den Mut aufzubringen und den eingeschlagenen Weg zu verlassen, um sich neu zu orientieren und in eine erfolgversprechendere Richtung zu gehen? Wenn Sie sich zu einer solchen Kurskorrektur entschieden haben, dann sollten Sie auch im positiven Sinne dazu stehen, Ihre Gründe und Motivation zu diesem Schritt genau kennen und ihn als Ausgangspunkt für etwas Neues, als Chance sehen. Wichtig ist auch, dass Sie die Studienzeit auf keinen Fall als vergeudet und verloren ansehen, in Selbstvorwürfen versinken, weil Sie damals eine falsche Entscheidung getroffen und deshalb so vieles verpasst haben. „Hätte ich doch bloß was anderes studiert! Wenn ich doch gleich arbeiten angefangen hätte, wäre ich jetzt viel weiter! Warum habe ich auf meine Eltern gehört? Bestimmt hätte ich schon lange den Doktortitel in der Tasche, wenn ich das studiert hätte, was ich selber ja immer wollte." All das bringt Sie keinen Schritt weiter.

TIPP

Lassen Sie sich nicht durch Schwarzseher runterziehen, sondern investieren Sie Ihre Energie und Zeit, um sich intensiv auf den Bewerbungsprozess vorzubereiten. Und um sich besonders den Themen zu widmen, die Sie heikel finden.

Das Studium als wertvolle Erfahrung

Machen Sie sich klar, was Sie in dieser Zeit alles erfahren und gelernt haben. Sie werden sehen: Es ist sehr viel mehr, als Sie vielleicht im Moment glauben. „Aber ist das nicht verlorene Zeit, wenn man studiert hat und dann beruflich doch etwas ganz anderes macht, weil man keinen Abschluss in der Hand hat?"

Diese Frage kann jeder nur für sich selbst beantworten. – Ja, es sind verlorene Jahre, wenn man das so sehen will. Wenn man

Schule-Ausbildung-Beruf als eine lineare und eingleisige Entwicklung sieht und jede Abweichung davon als Versagen deutet. Wenn man Erfolg mit einem geradlinigen und straffen Lebenslauf, einer klar vorgegebenen Karriereleiter gleichsetzt. Dann ist jeder, der da rausfällt, ein Versager. – Nein, es ist keineswegs vergeudete Zeit, wenn man sie als Lehrzeit ansieht, in der man nicht nur viel Fachliches gelernt, sondern sich auch persönlich entwickelt hat.

Und eines ist ganz sicher: Den eigenen Lebensweg positiv zu sehen, froh darüber zu sein, dass man die Kurskorrektur geschafft hat, und das Gute in der Studienzeit erkennen zu können ist der vielversprechendere Weg. Erstens tun Sie sich selbst einen Gefallen damit und erhöhen Ihre Lebensqualität beträchtlich. Zweitens verstellen Sie sich so nicht durch negative Gedanken und Selbstvorwürfe den objektiven Blick auf Ihren Werdegang. Und drittens strahlen Sie nur so Souveränität, Tatkraft und positive Lebenseinstellung aus, die so wichtig sind, um als Bewerber interessant zu sein.

All das gilt auch für Leute, die ihr Studium aus anderen Gründen als der Wahl des falschen Faches oder der Enttäuschung über das Unileben abgebrochen haben. Wer einen zu schlechten Notendurchschnitt erreicht hat, unter Prüfungsangst leidet und deshalb einfach nicht weiter studieren konnte, hat letztendlich ebenso eine Kurskorrektur gemacht: Den Schlussstrich unter einen Weg gezogen, der nicht gut für ihn war. Was es auf jeden Fall zu verhindern gilt, ist die Opferrolle! Auch dann, wenn „äußere Umstände" wie die Finanzen oder familiäre Gründe den Abschluss des Studiums vereitelt oder verzögert haben. Es ist in Ordnung, das schade zu finden und sich vielleicht mal im Kopf auszumalen, wie alles ganz anders hätte sein können. Aber lassen Sie niemals negative, vorwurfsvolle Gedanken und Verbitterung über vermeintlich verpasste Chancen die Oberhand gewinnen! Sie haben selbst jetzt viele, viele Chancen. Es wäre schade, wenn Sie auch nur eine davon verpassen würden, weil Sie sie nicht sehen können.

Klarheit über die Motivation

Werden Sie sich klar darüber, wie das mit dem Studium kam, wie Sie das alles erlebt und warum Sie sich zu dem Schritt entschlossen haben.

Als Leitfaden für Ihre Vorbereitung können Sie zum Beispiel die Kategorien für Studienabbrecher nutzen, die die Hochschul-Informations-System-GmbH ausgearbeitet und ihrer Studie von 2002 zugrunde gelegt hat (siehe Seite 13 f.). Auch hier gilt – wie für alles andere, was Sie ausarbeiten –, dass Sie Ihre individuellen und fundierten Antworten finden und auf keinen Fall einfach etwas übernehmen, was Sie woanders finden und was Sie überzeugt. Nur dann können Sie sich als selbstbewusste und eigenverantwortliche Persönlichkeit präsentieren, die genau über sich selbst Bescheid weiß.

Immer wieder werden wir Ihnen ans Herz legen, sich keine einsilbigen und vermeintlich einfachen Antworten zurechtzulegen. Statements wie „Ich habe nach fünf Semestern mein Studium geschmissen, weil Physik einfach nicht zu mir passt“ oder „Wissen Sie, das Studium ist so theoretisch, aber ich muss einfach was Praktisches tun“ sind keine adäquate Vorbereitung auf ein Bewerbungsgespräch. Natürlich kann man die Sache so angehen, aber dann muss noch einiges an Erklärungen und Erläuterungen folgen. Und vergessen Sie nicht, dass sich kaum ein Interviewer mit einer derart oberflächlichen Aussage zufrieden geben wird. In den meisten Fällen ist das nur der Einstieg, und der Personalentscheider nimmt Ihre Antworten als Anlass, um nachzuhaken und den Dingen auf den Grund zu gehen.

Wenn Sie die Hochschule ohne Abschluss verlassen haben, weil Ihnen entweder das Fach oder das Studium an sich nicht zugesagt haben, kommt natürlich noch eine weitere Dimension ins Spiel, die eine große Rolle spielt: die Zeit. Es ist ein Unterschied, ob Sie nach ein bis drei Semestern das Handtuch geschmissen haben oder kurz vor dem Examen. Dabei lässt sich nicht pauschal sagen, welche Variante leichter oder schwerer zu vermitteln ist. Wenig Durchhaltevermögen und mangelnde Zielorientiertheit könnte man einem „Frühabbrecher" unterstellen, Trägheit und Unentschlossenheit jemandem, der erst im achten Semester einen Schlussstrich gezogen hat. Betrachtet man die Dinge von der positiven Seite, könnte man auch schlussfolgern, dass ein Bewerber bestimmt flexibel und dynamisch ist und Dinge anpacken kann, wenn er sich nicht erst nach ewigem Hin und Her für den Studienabbruch entschieden hat. Oder man hält dem „Spätabbrecher" zugute, dass er über Durchhaltevermögen verfügt und Entscheidungen sorgfältig abwägt.

Sie sehen, es lässt sich ziemlich viel hineininterpretieren, und Sie werden natürlich auf eine ganze Reihe von Vorurteilen und Erwartungen stoßen. Die gute Nachricht ist: Sie selbst bestimmen, welchen bleibenden Eindruck Sie bei Ihrem Gesprächspartner hinterlassen: Durch das, was Sie ansprechen und was nicht, durch Ihre Argumentation und dadurch, wie vertrauenswürdig Sie beim Gegenüber ankommen.

Hier einige Anregungen dazu, welche Fragen Sie für sich selbst klären sollten:

- Warum haben Sie sich für dieses Studienfach entschieden?
- Welche Fähigkeiten und Interessen brachten Sie für dieses Studium mit?
- Welche Erwartungen hatten Sie, als Sie das Studium begannen?
- Inwiefern wurden Ihre Erwartungen enttäuscht?
- Welchen Schwierigkeiten begegneten Sie?
- Unter welchen Umständen hätten Sie weiterstudiert?
- Wie kam es zu Ihrer Entscheidung, das Studium abzubrechen? Warum nach so kurzer beziehungsweise langer Zeit?

- Wann und wie merkten Sie, dass Sie nicht mehr auf dem richtigen Weg waren?
- Welche Konsequenzen zogen Sie daraus?
- Warum haben Sie nicht früher einen Schlussstrich gezogen und sich neu orientiert?
- Was haben Sie in dieser Zeit über sich selbst gelernt? Welche wichtigen Erfahrungen hat Ihnen die Zeit an der Uni ermöglicht?
- Wenn Sie die Zeit zurückdrehen könnten, für welches Studienfach würden Sie sich heute entscheiden?
- Warum wollen Sie jetzt ins Berufsleben, anstatt etwas anderes zu studieren?

Das könnte zum Beispiel so aussehen (Kurzfassung):

> Ich habe mich nach dem Besuch des Humanistischen Gymnasiums am Institut für Altphilologie immatrikuliert, weil ich fasziniert war von der altgriechischen Philosophie und Kultur. Leider hatte das Ganze nicht im Entferntesten mit dem anregenden Unterricht zu tun, den ich erwartet hatte. Das ganze Studium bestand aus trockener Grammatik-Paukerei und rein stilistischen Analysen einzelner Texte. Natürlich hätte ich mich zusammenreißen und das Studium beenden können, aber es ist mir wichtig, meine Talente und Fähigkeiten wirklich auszuschöpfen und etwas zu tun, was mich auch erfüllt. Da ich nicht zu Kurzschlussreaktionen neige, habe ich mir Zeit zum Überlegen und zum Kennenlernen des Faches gelassen. Aber dann war ich mir absolut sicher und habe schnell – nach drei Semestern – die Konsequenzen gezogen. Natürlich habe ich mir ein weiteres Studium durch den Kopf gehen lassen. Aber es gibt kein Fach, das mich wirklich interessiert. Ich möchte jetzt praktisch arbeiten und etwas im richtigen Leben bewirken. Ich bin kein Theoretiker. Die griechische Philosophie wird immer mein Hobby bleiben.

Was grundsätzlich für alle Bewerbungsthemen gilt, ist natürlich für die heiklen und unangenehmen Bereiche ganz besonders wichtig: Je besser und fundierter die Vorbereitung, umso authentischer, ehrlicher, souveräner und damit überzeugender können Sie auftreten.

Interview

Gerhard Steger, Personalleiter der ETA Elektrotechnische Apparate GmbH, Altdorf

Stellen Sie auch Studienabbrecher ein oder nur Leute mit abgeschlossenem Studium?

G. S.: Wir haben durchaus schon Studienabbrecher eingestellt. Ausschlaggebend dafür war/ist der jeweilige Grund, aus dem der Bewerber sein Studium nicht abgeschlossen hat. Wenn beispielsweise jemand das Studium im Vorfeld ganz anders eingeschätzt oder sich in der Wahl der Studienrichtung vertan hat, sind das für mich nachvollziehbare und akzeptable Gründe. Durchaus in Ordnung finde ich es auch, wenn der Abbruch aufgrund bestimmter Veränderungen im Privatleben erfolgte, zum Beispiel Heirat und Gründung einer Familie. Wenn jemand allerdings sein Studium aufgrund mangelhafter Leistungseinstellung und schlechter Eigenorganisation abgebrochen hat, dann bewerte ich das negativ.
Damit ein Studienabbrecher grundsätzlich für unser Unternehmen infrage und in die engere Wahl kommt, muss er mir eine realistische und nachvollziehbare Begründung für seine Entscheidung, das Studium abzubrechen, liefern. Zuerst im Anschreiben und dann natürlich ausführlich im Rahmen des Bewerbungsgespräches.

Welche persönlichen Eigenschaften sind Ihnen bei Bewerbern am wichtigsten?

G. S.: Am meisten Wert lege ich auf folgende Eigenschaften und Einstellungen:

- positive Leistungseinstellung (gerne und engagiert einen Beitrag leisten wollen)
- „Leichtigkeit des Seins" (konstruktiv und gelassen an die Dinge herangehen – im Gegensatz zu verbissen und verkniffen)
- Konsequenz (die eigenen Interessen zielstrebig verfolgen, ohne jedoch andere zu übergehen)
- klare Vorstellungen von eigenen Erwartungen und Zielen
- kritische beziehungsweise realistische Selbsteinschätzung (über sich reflektieren, sich selbst kennen)
- kommunikative Kompetenz (sich auf ein offenes Gespräch mit mir einlassen)
- gute Umgangsformen und Respekt für andere (Das ist sehr wichtig, um gemeinsam mit anderen eine Leistung erbringen zu können.)
- soziales Engagement und aktive Freizeitbeschäftigung (kein reines Karrierestreben)

Sehr wichtig ist mir, dass Bewerber wirklich etwas von sich preisgeben, tatsächlich über sich selbst erzählen und als Persönlichkeiten rüberkommen, die sie auch sind. Am schlimmsten finde ich, wenn jemand Standardantworten aus einem Bewerbungsbuch übernimmt und mir diese präsentiert. Beispielsweise auf die Frage nach den Schwächen nur die viel zitierte „Ungeduld" ins Spiel bringt.

Was sagen Sie zu „Bummelstudenten" (wenn jemand extrem lange studiert hat)?

G. S.: Auch hier hängt mein Urteil davon ab, wie nachvollziehbar mir der Bewerber seinen Werdegang erklären kann – und wie aktiv er mit diesem Studienverlauf im Anschreiben umgeht. Der

Bewerber muss sein langes Studium von sich aus im Anschreiben zum Thema machen und darauf eingehen. So vermittelt er mir erstens, dass ihm klar ist, dass mich als Personalentscheider dieses Thema einfach interessieren muss. Zweitens zeigt er, dass er sich selbst Gedanken darüber gemacht hat und mit dem Thema umgehen kann. Sehr negativ sehe ich es, wenn ein Bewerber einfach stillschweigend über die ganze Sache hinweggeht.

Wie beurteilen Sie es, wenn jemand ein Studium abgebrochen und ein anderes Fachgebiet gewählt hat?

G. S.: Das ist absolut in Ordnung für mich, wenn der Bewerber zu seiner Entscheidung steht und sie mir plausibel erklären kann. Es kann einfach passieren, dass man vollkommen falsche Vorstellungen von einem bestimmten Fach hat und deshalb eine Fehlentscheidung trifft. Wichtig finde ich, dass der Bewerber mir den roten Faden in seinem Werdegang aufzeigt und nachvollziehbar schildert, wie die Dinge sich entwickelt haben. Wenn jemand eine ganz neue Richtung eingeschlagen hat, kann das sehr positiv sein und für ihn sprechen: Weil er aktiv eine Entscheidung getroffen und Mut bewiesen hat. Natürlich kommt es auch sehr darauf an, wie er dann das zweite Studium durchgezogen hat. Wenn er dieses gut über die Bühne gebracht hat, stellt das den Abbruch in einen anderen Kontext. Der Abbruch steht dann hier für „Wandlung“ und „Reifung“ in der Interessenentwicklung.

Wonach beurteilen Sie Bewerbungsmappen in erster Linie?

G. S.: Ich lege vor allem Wert auf Folgendes:

- saubere Mappe (keine gebrauchte!)
- praktische, einfach zu handhabende Mappe
  Ich bevorzuge die ganz einfachen Heftmappen, in denen Deckblatt, Anschreiben, tabellarischer Lebenslauf und Zeugnisse schön nacheinander einsortiert sind. Die dreiteiligen Mappen

sind meiner Meinung nach für die meisten Berufe nicht nur übertrieben, sondern bedeuten für mich in der Bearbeitung mehr Aufwand.

- Beschränkung auf wirklich relevante Zeugnisse
  Oft ist eine Übersicht über die Fortbildungsmaßnahmen absolut ausreichend. Bitte keine Materialschlacht!
- aussagekräftiges Anschreiben
  Wenn es „Brüche" im Lebenslauf gibt (Studienabbruch, langes Studium usw.), dann müssen diese hier angesprochen werden.

Eine Bewerbungsmappe sollte so strukturiert sein, dass die zeitliche Abfolge von Ausbildung, beruflicher Erfahrung und paralleler Weiterbildung vom Personalentscheider nachvollziehbar ist. Der Ablauf beziehungsweise die Reihenfolge dieser Prozesselemente beschreibt die Individualität des Bewerbers.

Welchen Stellenwert haben bei Ihnen Online-Bewerbungen (im Verhältnis zu Print-Bewerbungen)?

G. S.: Etwa 80 Prozent der Bewerbungen in unserem Unternehmen sind Print-Bewerbungen und 20 Prozent Online-Bewerbungen. Ich persönlich gebe der Print-Bewerbung eindeutig den Vorzug. Online-Bewerbungen machen dem Bewerber das Leben leichter (schnell und einfach wegzuschicken), bedeuten aber für den Empfänger mehr Arbeit, weil sie ausgedruckt und sortiert/geheftet werden müssen.
Abgesehen davon lassen sich sehr viele Bewerber dazu verleiten, mal schnell, schnell an verschiedenste Unternehmen eine E-Mail-Bewerbung abzuschicken. Deshalb geht es bei Online-Bewerbungen noch stärker in Richtung pauschale und lieblose 08/15-Präsentation. Sie haben nach meiner Erfahrung meistens weniger Aussagewert als die traditionellen Bewerbungsmappen.

Was kann ich? Was habe ich alles gelernt?

Unternehmen sind zwar nicht ausschließlich an den fachlichen Qualifikationen ihrer Bewerber interessiert, aber natürlich muss das zentrale Einstellungskriterium sein, ob Sie den täglichen Anforderungen des Jobs gewachsen sind oder nicht. Ob Sie also von vornherein alle geforderten Qualifikationen vorweisen können. Oder über ausbaufähige Grundlagen verfügen und das Unternehmen davon überzeugen können, dass Sie lernfähig und -bereit sind und an Ihren Aufgaben wachsen werden. Und das ist ja auch durchaus in Ihrem eigenen Sinne. Denn in einer Tätigkeit, die Sie permanent überfordert oder die Sie aufgrund mangelnder fachlicher Kompetenz nicht gut machen können, werden Sie nicht besonders erfolgreich sein.

Doch nicht genug damit: Unternehmen wissen, dass ein Mitarbeiter auch dann nicht wirklich gute Arbeit leistet und weit unter seinen Möglichkeiten bleibt, wenn er unterfordert ist oder kein großes Interesse an seiner Tätigkeit hat. Deswegen stellen Unternehmen natürlich bevorzugt Leute ein, die sowohl die richtige Qualifikation mitbringen – also weder deutlich unter- noch überqualifiziert sind – als auch Interesse, Begeisterung für die Aufgabe haben und sehr motiviert sind. Und das ist ebenfalls ganz in Ihrem Sinne, da Sie nur unter diesen Umständen Ihre Potenziale ausschöpfen können und nicht Gefahr laufen, sich bald erneut umorientieren zu müssen.

Die besten Voraussetzungen, Kenntnisse und Kompetenzen nützen jedoch wenig, wenn man es nicht versteht, sie an den Mann zu bringen und richtig zu präsentieren. Damit Ihnen das nicht passiert, sollten Sie sich darüber klar werden, was Sie eigentlich alles können. Sie denken jetzt vielleicht, dass Sie das sehr wohl wissen und imstande sind, jederzeit und aus dem Stegreif alle Ihre Kenntnisse aufzuzählen. Sind Sie sicher? Haben Sie wirklich alles parat, was Sie sich bisher in Schule und Studium über diverse Jobs bis hin zu Ihrer Freizeit angeeignet haben? Und können Sie darüber auch ein bisschen mehr erzählen, zum Beispiel warum Sie sich genau diese und nicht andere Fertigkeiten angeeignet haben? Oder welcher rote Faden sich durch Ihren Werdegang zieht?

Es ist wichtig, dass Sie Ihre fachlichen Kompetenzen kennen und richtig einschätzen, um sich von Anfang an bei den richtigen Unternehmen und auf die passenden Positionen zu bewerben. Und damit Sie sich später im Bewerbungsgespräch überzeugend präsentieren können und nichts unter den Tisch fallen lassen, nur weil Sie sich nicht intensiv genug vorbereitet haben.

Bereiten Sie sich wirklich umfassend vor und denken Sie an alles, was Sie sich an Wissen und Fertigkeiten angeeignet haben. Es kann zum Beispiel vorkommen, dass sich später im Laufe eines Bewerbungsgespräches herausstellt, dass Sie sich aufgrund einer bestimmten Qualifikation, die Sie sich autodidaktisch erworben haben, für eine andere Stelle innerhalb des Unternehmens besser eignen. Solche Chancen bieten sich Ihnen natürlich nur, wenn Sie erst einmal selbst wissen, was Sie alles können, und dies dann geschickt und überzeugend kommunizieren.

TIPP

Denken Sie auch an das, was Sie nicht so gut können, und werden Sie sich klar darüber, wo Sie Defizite und Schwächen haben. Nur so können Sie bewusst und gezielt den Job auswählen, dem Sie auch gerecht werden. Und wissen, wo Sie sich noch Know-how erwerben müssen, um für bestimmte Tätigkeiten als vielversprechender Kandidat wahrgenommen zu werden.

Übung

Hier einige Anregungen, worüber Sie sich ausführlich Gedanken machen sollten. Am besten schriftlich.

Schule

- In welchen Fächern waren Sie besonders gut? Welche spezielle Begabung war Ihnen dabei von Vorteil?
- Wo waren Sie nicht so erfolgreich und warum?
- Woran hatten Sie in der Schule am meisten Spaß und Freude? Was ist Ihnen ganz besonders leicht von der Hand gegangen? Warum?

Studium

- Welche Art von Fachwissen haben Sie sich im Laufe Ihres Studiums angeeignet? Wie gut sind Sie in Ihrem Spezialgebiet?
- Welche Schwerpunkte haben Sie gesetzt (Themen von Seminaren, schriftlichen Arbeiten usw.)?
- Wie sieht es mit Ihrem Allgemeinwissen aus?
- Haben Sie in andere Fachgebiete reingeschnuppert? Welche Fächer und Themen haben Sie neben Ihrem eigenen Studiengang interessiert? Welche Lehrveranstaltungen haben Sie besucht?
- Was hat Sie am meisten interessiert und warum?
- In welchen Bereichen haben Sie besondere Leistungen erbracht? Wo waren Sie nicht so erfolgreich?
- Gibt es etwas, das Ihnen Ihre Kommilitonen mit abgeschlossenem Abschluss voraushaben?

Sonstige Kenntnisse

- Haben Sie sich autodidaktisch weitergebildet? Wie und in welchen Bereichen? Warum genau diese Themen?

- Haben Sie sich alleine irgendwelche Fertigkeiten angeeignet? Vielleicht haben Sie im Alleingang gelernt, mit zehn Fingern zu tippen, und erzielen ganz gute Ergebnisse. Wie viele Anschläge schaffen Sie pro Minute? Wie oft schreiben Sie?
- Welche Fortbildungskurse haben Sie besucht?

TIPP

Vergessen Sie nicht, dass Sie mit allem, was Sie von sich preisgeben, eine Botschaft senden. Wenn Sie sich in Ihrer Freizeit weiterbilden oder praktische Fertigkeiten aneignen, sagt das sehr viel über Ihre Lernbereitschaft und Selbstmotivation aus.

Sprachen

- Wie gut sind Sie rhetorisch? Wie gewandt drücken Sie sich schriftlich aus? Gibt es Fachsprachen, in denen Sie sehr bewandert sind?
- Welche Fremdsprachen beherrschen Sie? Wie gut (schriftlich und mündlich)?
- Wo haben Sie die Kenntnisse erworben und wie pflegen Sie sie?
- Wie leicht lernen Sie Sprachen?

Computer

- Welche Kenntnisse haben Sie sich angeeignet (Hardware, Programmieren, Betriebssysteme, Internet usw.)? Wie gut sind Sie (Grundkenntnisse, ...experte)?
- Welche Anwenderprogramme beherrschen Sie? Welche Versionen und wie gut?
- Wie haben Sie sich die Kenntnisse angeeignet und wo setzen Sie sie ein?
- Wie stark interessieren Sie sich für EDV und warum?

Praktische Erfahrungen

- Welche praktischen Erfahrungen haben Sie sich im Rahmen von Praktika und Jobs angeeignet? Was genau haben Sie gemacht?
- Was machen Sie in Ihrer Freizeit und was davon könnte sinnvoll für das Arbeitsleben sein? Vielleicht sind Sie ehrenamtlich tätig und organisieren viel oder erledigen Büroarbeiten. Vielleicht sind Sie Hobbyfotograf und haben Ihr eigenes Fotoarchiv aufgebaut. Oder Sie sind handwerklich besonders geschickt.
- Worin waren Sie besonders erfolgreich? Was liegt Ihnen weniger?

Erstellen Sie eine Liste von allem, was Sie wirklich gut können und beherrschen. Eine Frage im Bewerbungsgespräch könnte lauten: „Inwiefern wären Sie – was Ihr fachliches Know-how anbelangt – eine Bereicherung für unser Unternehmen?" Und es wäre schade, wenn Sie diese Chance nicht nutzen könnten.

Und was machen Sie wirklich gerne?

Ich suche einen Job und kein Hobby, denken Sie jetzt vielleicht. Und genau deswegen ist es so wichtig, dass Sie sich eine Aufgabe suchen, die Sie nicht nur bewältigen können, sondern die auch Ihren Interessen und Ihrer Persönlichkeit entspricht. Nur dann werden Sie nämlich wirklich gut und erfolgreich sein. Sie sehen: Auch das ist wieder in Ihrem eigenen und im Sinne des Unternehmens.

Nicht alles, was man kann, macht man auch gerne. Vielleicht sind Sie rhetorisch sehr gut und überzeugend, haben aber eine tiefe Abneigung gegen das Telefonieren. Dann sollten Sie sich einen Job suchen, in dem Sie direkten Kundenkontakt haben und nicht tagaus, tagein telefonische Akquisegespräche führen müssen. Vielleicht sind Sie zwar das geborene Organisationsgenie, aber kreative Arbeiten machen Ihnen viel mehr Spaß. Dann sollten Sie sich vor einem Job hüten, in dem Sie fast nur zu organisieren haben.

TIPP

Natürlich gibt es den Job nicht, in dem man ausschließlich Aufgaben zu erledigen hat, die das Herz höher schlagen lassen. Aber den größeren Teil dessen, was Sie Tag für Tag erledigen, sollten Sie schon gerne machen.

Am besten gehen Sie so vor: Nehmen Sie Ihre Liste von vorhin zur Hand und markieren Sie alle Tätigkeiten, die Sie nicht nur gut, sondern auch gerne machen. Und orientieren Sie sich daran, um sich für oder gegen einen Job zu entscheiden.

Was für eine Persönlichkeit bin ich?

Wie wichtig das Umfeld ist, um die eigenen Potenziale ausschöpfen und gute Leistungen erbringen zu können, weiß wohl jeder aus eigener Erfahrung. Selbst die besten Fähigkeiten und das stärkste Engagement leiden, wenn die Atmosphäre, die Art des Miteinanders, die Menschen, mit denen man Tag für Tag zu tun hat, nicht zu einem passen und man sich fehl am Platz fühlt.

„Wieso? Hier geht es nicht um persönliche Dinge, ich suche einfach nur einen Job." Vielleicht gehören auch Sie zu den Menschen, die so denken. Doch diese Perspektive ist zu kurzsichtig, und Sie tun sich keinen Gefallen damit, wenn Sie ein Arbeitsverhältnis auf die fachlich-organisatorische Ebene reduzieren. Weil Sie sich so viele Chancen vergeben, von Anfang an gezielt und bewusst nach dem Unternehmen und dem Aufgabengebiet zu suchen, das wirklich zu Ihnen passt und in dem Sie sich entfalten können. Weil Sie es versäumen, Ihren „Makel" im Lebenslauf wettzumachen, indem Sie mit Ihren persönlichen Qualitäten überzeugen – sowohl im Anschreiben als auch später im Bewerbungsgespräch. Und weil Sie mit all den Mitbewerbern nicht mithalten können, die die Zeichen der Zeit erkannt haben und sich mit allen ihren Fähigkeiten und als authentische Persönlichkeit präsentieren.

Denn – wie mehrfach erwähnt – die Unternehmen legen immer mehr Wert auf die Persönlichkeit ihrer Mitarbeiter und nehmen deshalb ihre Bewerber genau unter die Lupe. Das ganze persönliche Kennenlernen ist darauf ausgerichtet, möglichst viel über Sie zu erfahren, verschiedenste Informationen zu sammeln und dann zu einem zusammenhängenden Bild zu verarbeiten, um auf dieser Grundlage zu entscheiden, ob Sie der passende Kandidat sind. Auch Sie als Bewerber sind an einem Arbeitsplatz interessiert, wo Sie Ihre Persönlichkeit nicht verbiegen oder sich permanent verstellen müssen, sondern wo Ihre persönlichen Eigenschaften und Fähigkeiten gefragt sind und zum Tragen kommen. Um sich authentisch präsentieren zu können, sich so zu zeigen und so über sich selbst zu sprechen, wie Sie sind und wie Sie erscheinen wollen, müssen Sie sich erst mal über sich selbst im Klaren sein.

Sie wissen schon sehr gut Bescheid über sich und Ihre Persönlichkeit? Wunderbar, dann können Sie dieses Kapitel überspringen. Die Erfahrung zeigt allerdings, dass nur die allerwenigsten Bewerber sich selbst, ihre persönlichen Eigenschaften und ihre Wirkung auf andere wirklich kennen. Als Folge davon vergeben sie Chancen und kommen bei entsprechenden Fragen ins Stocken, unterschätzen sich selbst oder behaupten Dinge, die nicht mit dem übereinstimmen, was ihre Körpersprache und ihr gesamtes Auftreten und Verhalten verraten. Wie Sie jetzt richtig vermuten, hinterlassen solche Menschen keinen besonderen Eindruck und tun sich schwer, den Interviewer davon zu überzeugen, dass sie eine Bereicherung für das Unternehmen sein könnten. Schließlich lässt ihr ganzes Verhalten darauf schließen, dass sie sich keine große Mühe gemacht und sich nicht gerade intensiv auf das Gespräch vorbereitet haben: Und der Eindruck, sich grundsätzlich wenig Gedanken über sich selbst, die eigenen Ziele, Erwartungen und Wünsche zu machen, ist nicht gerade ein Pluspunkt. Die Wahrscheinlichkeit, dass ein Bewerber, der im Gespräch nicht besonders viel Interesse, Sorgfalt, Engagement und Motivation erkennen lässt, gut ankommt, ist ziemlich gering. Denn warum sollte ein Personalentscheider sich für jemanden interessieren, der ein schwammiges Bild von sich selbst vermittelt und viele Fragezeichen hinterlässt?

Wie schade wäre es, wenn Sie sich selbst im Wege stehen und all die Chancen verpassen würden, nur weil Sie sich im Vorfeld zu wenig Gedanken gemacht haben! Deshalb: Nehmen Sie sich Zeit, um sich klar über sich selbst, Ihre Stärken und Schwächen, Ihre Lebenseinstellung und Ihre Ziele zu werden. Sie profitieren davon.

TIPP

Viele Menschen tun sich sehr schwer, die eigene Persönlichkeit – Stärken genauso wie Schwächen – zu beschreiben. Fragen Sie Ihren Partner, Ihre Freunde, Ihre Familie, wie sie Sie sehen. Was sie besonders an Ihnen schätzen und was sie gerne an Ihnen ändern würden. Wählen Sie sorgfältig aus, denn nur Leute, die Sie wirklich gut kennen und die auch ehrlich sind, bringen Sie weiter.

Sie können sogar eine Art „Marktforschung in eigener Sache“ betreiben und Ihre Freunde, Bekannten und alle, deren Feedback Ihnen wichtig ist, schriftlich um ihre Meinung bitten. Überlegen Sie sich, welche Fragen Sie stellen möchten, und mischen Sie Ankreuz-Möglichkeiten mit offenen Fragen. Da sich viele Menschen schwer damit tun, offen ihre Meinung zu sagen – gerade, wenn es sich um Kritik handelt –, hilft es, wenn man mit Smileys arbeitet. Hier ein Beispiel, wie so ein Fragebogen aussehen könnte:

Fragebogen über mich

Ich bin gerade dabei, mich näher kennen zu lernen, und deine Meinung ist mir sehr wichtig. Bitte fülle diesen Fragebogen für mich aus: ganz offen und ehrlich, auch wenn es sich um negative Dinge handelt. Herzlichen Dank für deine Hilfe.

1. Wie beurteilst du mich aus deiner Sicht?

	☺	😐	☹
offen			
verlässlich			
kann gut zuhören			
pünktlich			
...			

2. Bitte vervollständige folgende Sätze:

Ich schätze an dir besonders, dass du ...

....

....

....

Ich würde mir wünschen, dass du ...

....

....

....

Wenn du eine Farbe wärst, wärst du ...., weil ......

....

....

....

Der Vergleich mit einer Farbe, einem Tier, einer Pflanze oder einem Musikstück ist oft eine gute Möglichkeit, überraschende Erkenntnisse zu gewinnen. Und es macht denjenigen Spaß, die den Fragebogen ausfüllen. Man kommt so auf ganz neue Gedanken.

Am besten füllen Sie den Fragebogen vorher auch selbst aus. Dann können Sie hinterher Fremd- und Selbsteinschätzung vergleichen. Achten Sie sowohl auf die Übereinstimmungen als auch auf die Unterschiede. Nehmen Sie jede einzelne Antwort ernst. Es macht überhaupt keinen Sinn, statistisch vorzugehen. Nach dem Motto: 80 Prozent aller Befragten finden, ich bin zuverlässig, da sind die restlichen 20 Prozent ja in der Minderheit. Fragen Sie nach, woran Menschen, die Ihnen wichtig sind, bestimmte Eigenschaften festmachen. Wie kommen andere zu ihrer jeweiligen Aussage?

TIPP

Interessant ist es auch, die eine oder andere Person, die Sie erst seit kurzem kennt, um ihre Einschätzung zu bitten. Denn es ist unmöglich, keine Wirkung auf andere zu haben. Es ist immer spannend zu erfahren, wie viel auch Leute von einem wissen, die einen noch nicht gut kennen, beziehungsweise zu erfahren, dass man zum Teil vielleicht einen nicht beabsichtigten negativen Eindruck auf andere macht.

Personal Skills in den Stellenanzeigen

Eine gute Möglichkeit, sich dem Thema „Wer bin ich?“ zu nähern, ist, sich intensiv mit den Stellenanzeigen zu beschäftigen, auf die Sie sich bewerben wollen. In jeder Stellenanzeige – oder auf der Website der Firma – sind persönliche Eigenschaften genannt, die von den Mitarbeitern erwartet werden und die dem Unternehmen wichtig sind. Hier eine Liste von so genannten Personal Skills:

Häufig genannte Personal Skills
Eigenverantwortung und Selbstständigkeit
Flexibilität und Anpassungsfähigkeit
Kommunikationsfähigkeit
Lernfähigkeit und -bereitschaft, Aufgeschlossenheit für Neues
Teamfähigkeit und Kooperationsbereitschaft
emotionale und soziale Kompetenz
effizienter Umgang mit Stress und Druck
Ehrlichkeit
Zuverlässigkeit

Sie haben wenig gewonnen, wenn Sie die geforderten Eigenschaften einfach abhaken, weil Sie davon überzeugt sind, über alle zu verfügen. Denn im Vorstellungsgespräch wird es in der Regel nicht ausreichen, wenn Sie das einfach so behaupten. Ganz im Gegenteil: Für wie glaubwürdig halten Sie Leute, die behaupten, alles zu sein und alles zu können? Im Gespräch kommt es darauf an, den Gesprächspartner zu überzeugen, und dafür muss man Argumente und konkrete Beispiele aus dem eigenen Leben bringen. Am besten bereiten Sie sich folgendermaßen vor:

- Definieren Sie erst mal die Begriffe für sich selbst. Es ist wichtig, dass Sie nicht nur im Lexikon nachschauen und sich eine Definition aneignen, sondern sich selbst Gedanken machen. Zum Beispiel zum Thema „Teamarbeit“: Was verstehen Sie unter guter Teamarbeit? Was kann die Zusammenarbeit stören? Welche Art von Menschen können gut im Team arbeiten und welche weniger? Welche Vorteile und welche Nachteile hat die Arbeit im Team gegenüber der Einzelarbeit? Welche Herausforderungen stellt Teamarbeit an die Teammitglieder?

- Schätzen Sie sich auf der Grundlage Ihrer eigenen Definition selbst ein. Bitte seien Sie kritisch und lügen Sie sich nicht in die eigene Tasche! Wenn Sie der geborene Einzelkämpfer sind und ungern im Team arbeiten, müssen Sie sich das auch eingestehen und dann gezielt nach einer Aufgabe suchen, in der nicht permanent und ausschließlich im Team gearbeitet wird. Also: Inwiefern sind Sie ein guter Teamplayer und eine Bereicherung für das Team? Welche Voraussetzungen bringen Sie dafür mit? Wo endet Ihre Kooperationsbereitschaft? Mit welcher Art von Menschen können Sie gut zusammenarbeiten, mit welcher weniger gut? Was machen Sie, wenn die Zusammenarbeit irgendwie nicht läuft? Arbeiten Sie gerne im Team? Warum? Warum nicht?

- Durchforsten Sie Ihre bisherigen Erfahrungen – auch Ihr Privatleben – nach konkreten Beispielen. Wie viel Erfahrung haben Sie als Teamworker gesammelt? Was war das schönste und was das schlimmste Erlebnis? Was genau haben Sie im Team erarbeitet? Welche Rolle haben Sie dabei gespielt?

Hier einige Beispiele für Teamarbeit: Das kann Ihr Mannschaftssport sein oder die Natur-Aufräumaktion für Greenpeace, bei der Sie mitgemacht haben. Das kann der Stadtführer sein, den Sie an der Uni mit einigen Kommilitonen verfasst haben, oder die Organisation einer Überraschungsparty mit anderen zusammen. Das kann eine Präsentation während des Studiums gewesen sein, die Ihre Arbeitsgruppe vorbereitet hat, oder das Wochenende auf der Hütte Ihres Skiclubs, bei dem es viel zu koordinieren gab.

Auch wenn nicht jedes dieser Beispiele für ein Vorstellungsgespräch geeignet ist, so hilft es doch, sich richtig auf das Thema einzustimmen. Sehr viele Menschen verstehen unter Teamarbeit nur den Kollegenkreis und stehen dann, gerade wenn sie noch nicht so viel in der Praxis gearbeitet haben, auf dem Schlauch, wenn die Rede darauf kommt.

Im Gespräch werden gerne Meinungsfragen gestellt. Zum Beispiel: Wie definieren Sie emotionale Intelligenz und wie wichtig ist sie Ihrer Meinung nach im Arbeitsalltag? Oder: Teamarbeit ist in letzter Zeit ziemlich in Verruf geraten, und es wird sogar behauptet, dass die meisten Leute ihr ablehnend gegenüber stehen. Wie denken Sie darüber?

TIPP

Sie sehen also, dass Sie mit einer guten Vorbereitung mehrere Fliegen mit einer Klappe schlagen.

Weitere Persönlichkeitsmerkmale

Mit Sicherheit ist Ihre Persönlichkeit mit den Begriffen, die in den Stellenanzeigen genannt sind, bei weitem nicht abgedeckt. Bestimmt gibt es darüber hinaus eine ganze Reihe weiterer Eigenschaften, die Sie auszeichnen und die Sie sich bewusst machen sollten, um gezielt die richtige Position und das passende Arbeitsumfeld suchen zu können. Ein weiterer Vorteil ist natürlich, dass Sie für alle Fragen nach Ihren Persönlichkeitsmerkmalen, Ihrer Art und Weise, Dinge anzupacken und mit Ihren Mitmenschen umzugehen, gewappnet sind. Eine fundierte Vorbereitung lohnt sich also allemal.

Bitte begnügen Sie sich auch hier nicht mit einsilbigen Statements wie: „Ich bin ein konstanter Mensch, der sich Ziele setzen und sie auch erreichen kann." Das ist nur gut als Einstieg, um dann in die Tiefe zu gehen, mehr darüber zu erzählen und auch Beispiele aus Ihrem Leben einzuflechten.

Auf den folgenden Seiten finden Sie einige Anregungen dazu, welche Bereiche relevant sind und in welche Richtung Sie sich Gedanken machen sollten.

Übung

Persönlichkeit/Lebenseinstellung

- Sie haben fünf Adjektive, um sich selbst zu beschreiben. Welche wählen Sie und warum?
- Welche persönlichen Ziele wollen Sie in der Arbeit verwirklichen?
- Welchen Stellenwert nahm das Studium/nimmt der Job in Ihrem Leben ein?
- Welche Voraussetzungen bringen Sie mit, um Ihre Ziele zu erreichen?
- Wann fühlen Sie sich erfolgreich?
- Wie gehen Sie mit Misserfolg um?
- Was sagen Ihre Freunde über Sie?
- Sind Sie eher ein Optimist oder ein Pessimist? Wie äußert sich das?
- Haben Sie mal Persönlichkeitstests gemacht? Was ist dabei herausgekommen?

Arbeitsweise

- Wie arbeiten Sie?
  Machen Sie gerne mehrere Dinge gleichzeitig, oder sind Sie nur dann wirklich gut, wenn Sie eines nach dem anderen abarbeiten können? Brauchen Sie Ruhe, um sich konzentrieren zu können? Oder arbeiten Sie am besten, wenn Sie Menschen um sich haben und Trubel herrscht? Wie ist das, wenn Sie Ihre Tätigkeit immer wieder unterbrechen müssen, beispielsweise um ans Telefon zu gehen?

- Abwechslung und Routine
  Wird Ihnen schnell langweilig, und wollen Sie immer wieder etwas Neues machen? Wie stehen Sie zu Routinearbeiten? Wie

muss eine Tätigkeit aussehen, damit Ihnen nicht langweilig wird? Gehören Sie zu den Menschen, die einen festen Rahmen brauchen und gerne immer wieder gleiche Arbeiten machen?

- Spaß an der Arbeit/Motivation
  Wann haben Sie Spaß an einer Tätigkeit? Wie wichtig ist es für Sie, Freude an der Arbeit zu haben? Was machen Sie, wenn sich diese Freude nicht einstellt oder nachlässt? Ist ein reiner Schreibtischjob das Richtige für Sie? Warum oder warum nicht? Was motiviert Sie? Was frustriert Sie?

- Stress und Druck
  Wann fühlen Sie sich gestresst? Wie merkt Ihre Umgebung das? Was machen Sie, um die Situation zu meistern? Wie gehen Sie damit um, wenn Leute in Ihrer Umgebung gestresst sind?

- Arbeitszeiten
  Wie wichtig ist Ihnen ein geregeltes Arbeitsumfeld? Wie sehen die idealen Arbeitszeiten für Sie aus? Welche Abstriche können Sie unter welchen Bedingungen machen, ohne unzufrieden zu werden? Wie stehen Sie zu Überstunden, Wochenendarbeit und Dienstreisen?

- Aufgabenbereich
  Lieben Sie die totale Abwechslung und laufen Sie zu Höchstform auf, wenn jeden Tag etwas Neues auf Sie zukommt? Oder brauchen Sie Ihren klar abgesteckten Bereich, für den Sie die volle Verantwortung übernehmen?

- Der Chef
  Welche Erwartungen haben Sie an Ihren Vorgesetzten? Welche Art von Unterstützung brauchen Sie von ihm, um gute Arbeit zu leisten? Wie kann Ihr Chef Sie motivieren beziehungsweise demotivieren?

TIPP

Tun Sie sich einen Gefallen und seien Sie ehrlich zu sich selbst. Angenommen Sie gehören zu den Menschen, die klare Strukturen brauchen: geregelte Arbeitszeiten, ein klar umrissenes Aufgabengebiet, Ziele, die sich nicht dauernd ändern. Selbst wenn Sie es schaffen sollten, den Personalentscheider eines schnell expandierenden Unternehmens auszutricksen und ihn davon zu überzeugen, dass Sie super flexibel sind und Abwechslung ganz wichtig finden, was hätten Sie davon? Doch nur einen Job, der Ihrer Persönlichkeit nicht entspricht, in dem Sie sich höchstwahrscheinlich nicht wohl fühlen und auch nicht wirklich gut sein werden.

Umgang mit anderen

- Kontakte mit anderen
  Wann sind Sie gerne unter Menschen und wann lieber alleine? Mit welchen Menschen kommen Sie gut zurecht und mit welchen weniger? Wie muss jemand sein, den Sie zum Freund haben wollen? Wie sehen Sie sich selbst: als extrovertiert oder als introvertiert und was genau bedeutet das für Sie? In welchem Arbeitsumfeld fühlen Sie sich wohl? Wie wichtig sind Ihnen persönliche Beziehungen zu Ihren Kollegen? Wie nahe lassen Sie Leute an sich heran?

- Kommunikation
  Gehen Sie gerne von sich aus auf andere Leute zu? Wie und wo haben Sie Ihre Freunde kennen gelernt? Über welche Themen unterhalten Sie sich am liebsten? Wie offen sagen Sie anderen Ihre Meinung? Wie schätzen Sie Ihre diplomatischen Fähigkeiten ein? Wie wichtig ist es Ihnen, Feedback zu Ihrer Person und zu Ihrer Leistung zu bekommen?

- Umgang mit Schwierigkeiten/Konflikten
  Wie viel Harmonie brauchen Sie um sich herum? Was machen Sie, wenn Sie etwas an jemand anderem nicht gut finden? Wie reagieren Sie, wenn Sie angegriffen oder kritisiert werden?

Die Stärken

Bestimmt sind Sie im Rahmen Ihrer bisherigen Selbstanalyse auf eine ganze Reihe positiver Eigenschaften gestoßen, die Sie auszeichnen. Es ist sehr wichtig, dass Sie ein klares Bild von all Ihren Stärken haben, denn nur so können Sie sie für Ihre Arbeitssuche nutzen. Die meisten Menschen sind gerade für ihre größten Stärken blind, weil ihnen diese Eigenschaften so vertraut sind, dass sie sie für selbstverständlich und nichts Besonderes halten. Damit Ihnen das nicht passiert, sollten Sie noch mal in sich gehen und alles auflisten, was Sie im positiven Sinne auszeichnet.

Übung

Persönlichkeit/Lebenseinstellung

- Was schätzen Menschen, die Ihnen nahe stehen, an Ihrer Persönlichkeit?
- Worauf sind Sie selber besonders stolz? Was lieben Sie an sich selbst?

Vielleicht haben Sie eine ausgeprägte positive Lebenseinstellung und muntern andere Leute dadurch auf. Oder Sie lassen sich nicht so leicht unterkriegen und betrachten Schwierigkeiten und Hindernisse als etwas, was Sie überwinden können.

Arbeitsweise

- Wofür hat man Sie bisher gelobt (Schule, Uni, Arbeitsleben, Privatleben)?
- Wofür verdienen Sie Ihrer eigenen Meinung nach Lob?

Vielleicht zeichnet sich Ihre Arbeit durch sehr große Sorgfalt aus – ein Resultat Ihrer Liebe zum Detail. Oder Sie können bei Bedarf ein wahnsinniges Arbeitstempo an den Tag legen, ohne dass die Qualität Ihrer Arbeit leidet. Oder Sie sind ein geborenes Organisationstalent, und es fällt Ihnen leicht, alle Fäden in der Hand zu behalten und zu koordinieren.

Umgang mit anderen

- Warum sind andere Menschen gerne mit Ihnen zusammen?
- Was fällt Ihnen im Umgang mit anderen besonders leicht?

Vielleicht haben Sie ein ausgesprochen diplomatisches Geschick und verstehen es, Menschen zusammenzubringen und zur Lösung von Konflikten beizutragen. Oder Sie können besonders gut zuhören und auf andere eingehen. Vielleicht sind Sie auch ein sehr geduldiger Mensch und können komplizierte Sachverhalte gut erklären.

Überlegen Sie sich, welche Ihrer persönlichen Stärken im Studium zum Tragen gekommen sind. Vielleicht Ihr ausgeprägtes Durchhaltevermögen oder Ihr gutes Zeitmanagement, um Studium und Job unter einen Hut zu bringen. Möglicherweise haben Ihr Mut und Ihre Entscheidungskraft den Ausschlag dafür gegeben, dass Sie sich trotz massiven Widerstands Ihrer Familie zum Abbruch des Studiums entschlossen haben.

Die Schwächen

Und jetzt zu den weniger schmeichelhaften Dingen, auf die Sie im Laufe Ihrer bisherigen Vorbereitungen ja auch schon gestoßen sind. Mittlerweile hat es sich herumgesprochen, dass im Bewerbungsgespräch auch Schwächen und Schwierigkeiten ein Thema sind. „Oh Gott, warum wollen die das wissen und was sage ich da am besten?“, mag es da manch einem durch den Kopf schießen. Keine Panik: Auch dieses Gesprächsthema dient dazu, möglichst viel über Sie zu erfahren und Sie kennen zu lernen. Interessant ist für den Interviewer nicht nur, was Sie sagen, sondern auch, wie Sie mit diesen – natürlich für jeden – unangenehmen Fragen umgehen. Es ist wichtig, sich mit den eigenen Schattenseiten und den zu verbessernden Eigenschaften zu beschäftigen. So vermeiden Sie später im Gespräch, dass

- Sie sich durch derartige Fragen vor den Kopf gestoßen fühlen und sich eine Blöße geben;
- Sie schnell nach ein paar Schwächen suchen müssen, die Sie für präsentabel halten;
- Sie ungeschickt und zu Ihren Ungunsten formulieren, zum Beispiel etwas ansprechen, was für die Stelle gar nicht relevant ist, Ihnen aber tatsächlich schadet;
- Sie angelesene oder irgendwo gehörte Standardschwächen zugeben, die nichts mit Ihnen zu tun haben oder die so pauschal und oberflächlich sind, dass der Interviewer Sie nicht ernst nimmt, und Sie sich so selbst disqualifizieren;
- Sie es versäumen, souverän und selbstbewusst die Schwächen anzusprechen, die dem Erfolg tatsächlich im Wege stehen könnten und die sich sowieso nicht verheimlichen lassen.

Dass Sie in der einen oder anderen Form auf Ihre Schwächen angesprochen werden, ist ziemlich sicher. Genau über die eigenen Mankos und verbesserungswürdigen Seiten Bescheid zu wissen hilft Ihnen aber auch dabei, von vornherein nur auf die Unternehmen und Positionen zuzugehen, die Ihren persönlichen Voraussetzungen entsprechen. Gehen Sie genau so vor wie bei den Stärken und beschäftigen Sie sich intensiv mit dem, was Sie nicht so gut finden.

Übung

Persönlichkeit/Lebenseinstellung

- Was mögen Menschen, die Ihnen nahe stehen, an Ihnen nicht so gerne?
- Was würden Sie selbst gerne an sich ändern/verbessern?

Vielleicht lassen Sie sich leicht aus der Bahn werfen und entmutigen, wenn etwas nicht so läuft, wie Sie es gerne hätten. Oder Sie trauen sich selbst zu wenig zu und brauchen immer Ermutigung von außen.

Arbeitsweise

- Wofür haben Sie bisher kritisches Feedback bekommen (Schule, Uni, Arbeitsleben, Privatleben)?
- Was finden Sie selbst nicht so gut an Ihrer Arbeitsweise?

Vielleicht geraten Sie leicht in Hektik und machen Fehler, wenn Sie unter Zeitdruck stehen. Oder Sie können sich nur dann konzentrieren, wenn keiner Sie während der Arbeit unterbricht. Vielleicht schaffen Sie es einfach nicht, auf Ihrem Schreibtisch Ordnung zu halten.

Umgang mit anderen

- Was finden andere nicht so gut an Ihnen?
- Was würden Sie im Umgang mit anderen gerne besser machen?

Vielleicht gehören Sie selbst zur schnellen Truppe und werden schnell ungeduldig, wenn andere länger brauchen. Oder Sie sind allzu nachgiebig und lassen sich leicht zu etwas überreden, was Sie später bereuen. Vielleicht scheuen Sie sich davor, Schwierigkeiten anzusprechen oder bei Unklarheiten nachzufragen, und fühlen sich deshalb als Opfer.

Alles ist bekanntlich relativ: auch die Schwächen. Was in dem einen Unternehmen mit seinen spezifischen Anforderungen und Eigenheiten eine Stärke ist, kann woanders eine ausgesprochene Schwäche sein. Und umgekehrt. Ein Beispiel: Um sich richtig konzentrieren zu können, müssen Sie Ihre Ruhe haben. Das ist eine immense Schwäche, wenn es um einen Job in einem Großraumbüro geht, aber eine gute Voraussetzung, wenn Sie abgeschieden von anderen im stillen Kämmerlein arbeiten sollen. Dafür ist jemand, der immer Trubel um sich haben will, im Großraumbüro gut aufgehoben und würde im Einzelbüro versauern.

Bitte denken Sie auch gründlich darüber nach, in welcher Beziehung Ihre Schwächen zum Verlauf Ihres Studiums stehen. Da Sie sich ja bereits eingehend mit dem Thema Studium beschäftigt haben, fällt es Ihnen bestimmt nicht schwer. Das ist wichtig, weil es sehr leicht passieren kann, dass Sie in irgendeiner Form darauf angesprochen werden.

Welche Erwartungen habe ich an den Job?

Hier geht es darum, sich ganz klar darüber zu werden, wie Sie sich das Arbeitsleben vorstellen, welche Erwartungen Sie an die Tätigkeit, das Unternehmen, die Kollegen, den Chef, die Arbeitsatmosphäre und so weiter haben.

Sagen Sie jetzt nicht, dass Sie überhaupt keine Vorstellungen haben und man das nicht so pauschal sagen kann. Dass es sich im Laufe der Zeit zeigen wird, ob Sie und das Unternehmen kompatibel sind. Oder dass Sie ein anpassungsfähiger und flexibler Mensch sind, der mit allem und jedem zurechtkommt. Natürlich ist es lobenswert, über diese wichtigen persönlichen Eigenschaften zu verfügen, tolerant und umgänglich zu sein und sich leicht zu integrieren. Aber bitte verwechseln Sie das nicht mit Profillosigkeit und schieben Sie nicht solche Aussagen vor, um bloß nicht anzuecken oder eine Anstellung zu riskieren. Denn das kann zu Ihren Ungunsten ausgehen: Wer keine eigene Meinung und kaum klare Vorstellungen zu haben scheint, gerät leicht in den Verdacht, sich entweder schlecht vorbereitet zu haben oder wenig Persönlichkeit zu besitzen. Beides wäre nicht gut für Sie.

Außerdem vergeben Sie sich so Chancen, das Unternehmen und den Job zu identifizieren, die wirklich zu Ihnen passen. Jeder hat individuelle Eigenschaften und Fähigkeiten, die er einbringen und umsetzen möchte. Und jeder wird von seinem Umfeld stark beeinflusst: Was den einen aufblühen und aus dem Vollen schöpfen lässt, wirkt auf den anderen demotivierend und hemmend. Vielleicht ist es Ihnen wichtig, intensive und persönliche Beziehungen zu den Kollegen zu haben. Sie wollen auch über private Dinge sprechen, am Arbeitsplatz mal lachen und ab und zu nach der Arbeit in die Kneipe um die Ecke gehen. Wie schlimm wäre es für Sie, in einer Firma zu landen, wo auf Distanz Wert gelegt wird und die Leute nur auf fachlicher Ebene miteinander zu tun haben!

Damit Sie auf diese wichtigen Dinge achten und während des gesamten Bewerbungsprozesses alle Möglichkeiten nutzen können, um Ihre Erwartungen mit denen des jeweiligen Unternehmens zu vergleichen, müssen Sie Klarheit über sich selbst haben. Sonst wissen Sie gar nicht, worauf Sie achten und was Sie herausfinden wollen.

TIPP

Es ist sehr wichtig zu wissen, in welchem Ambiente Sie sich am besten entfalten, unter welchen Umständen Sie super Leistungen erbringen und sich weiterentwickeln können. Denn das wollen Sie selbst, und das wollen auch die Unternehmen von Ihren Mitarbeitern.

Da Sie sich ja bereits intensiv mit sich selbst beschäftigt haben, wird Ihnen diese Übung nicht schwer fallen. Bitte denken Sie an alle Ihre bisherigen Stationen – Studium, Praktika, Ferienjobs – und lassen Sie Ihre Erfahrungen und Erkenntnisse einfließen. Hier einige Anregungen, womit Sie sich intensiv beschäftigen sollten.

Übrigens können Sie mit Ihren Antworten auf folgende Fragen im Vorfeld bereits ausloten, ob die Position, für die Sie sich interessieren, tatsächlich für Sie geeignet ist. Und auch aus Stellenausschreibungen können Sie häufig bereits herauslesen, ob die Position oder das Unternehmen in die von Ihnen gewünschte Richtung geht.

Checkliste: Tätigkeit/Job

- Wie sieht Ihr Traumjob aus?
- Wann ist eine Aufgabe/Arbeit in Ihren Augen sinnvoll?
- Wann haben Sie Spaß an einer Tätigkeit?
- Was bedeutet es für Sie, beruflich voranzukommen? Wie wichtig ist es für Sie, Karriere zu machen?

Stellen Sie sich einen typischen Arbeitstag vor, der Ihnen gut gefallen würde. Welcher Anteil davon hat unmittelbar mit Menschen zu tun, welcher Anteil ist „vor sich hinarbeiten", betrifft also zum Beispiel nur Sie und Ihren Computer? Möchten Sie lieber viel Abwechslung, vielleicht auch eine gesunde Portion Stress, möchten Sie gefordert sein, schnell Lösungen zu finden? Oder würden Sie lieber in Ruhe konzeptionell tätig sein? Möchten Sie aufsteigen im Sinne von mehr Verantwortung übernehmen, oder geht es Ihnen auch um Titel und Statussymbole? Möchten Sie Ihre Fremdsprachen nutzen können? Und so weiter.

Überprüfen Sie anhand der Stellenausschreibung und Informationen über die Firma, ob Ihre Erwartungen in Bezug auf die Aufgabe erfüllt werden können.

Wer von sich weiß, dass er lieber völlig alleine Aufgaben löst, lieber keinen persönlichen Kontakt mit Kunden hat und die Ergebnisse seiner Arbeit lieber an entsprechende extrovertiertere Kollegen weitergibt, der würde in einer Position nicht glücklich, die viel Kundenkontakt und Präsentationsarbeit mit sich bringt.

Checkliste: Unternehmen

- Wie sollte eine Firma sein, bei der Sie gerne arbeiten möchten?
- Wie sollte sich ein Unternehmen nach außen hin geben, damit es Sie interessiert?
- Wie sieht ein Produkt/eine Dienstleistung aus, mit der Sie sich identifizieren können?
- Wo sollte die Firma tätig sein?

Wie eine Firma sein sollte, ist ein großes Thema. Hier ein paar Anregungen, welche Fragen Sie sich stellen können: Möchten Sie lieber in einem Unternehmen arbeiten, das im Business-to-Business-Bereich tätig ist (also nur mit Geschäftskunden zu tun hat), oder lieber im Business-to-Consumer-Bereich (mit Endkunden)? Möchten Sie in einem Unternehmen arbeiten, das international ausgerichtet ist (wo sich vielleicht sogar ein Auslandsaufenthalt ergibt oder man auch mal auf Geschäftsreise muss)?

Machen Sie sich auch Gedanken über die Firmengröße: In einem großen Konzern geht es anders zu als in einem mittleren oder gar ganz kleinen Unternehmen. Sowohl von bestehenden Strukturen und Geschäftsabläufen her als auch, was den Kollegenkreis betrifft. Das heißt übrigens nicht, dass eine bestimmte Größe besser ist als eine andere. Wie bei allem ist es wichtig, sich selbst Gedanken darüber zu machen, was man möchte, um dann gezielt abchecken zu können, ob und inwieweit das in dem Unternehmen gegeben ist.

Checkliste: Arbeitsplatz

- In welchen Räumlichkeiten fühlen Sie sich wohl?
- Wie muss der Arbeitsplatz aussehen, damit Sie gut arbeiten können?
- Worauf legen Sie besonders viel Wert? Was empfinden Sie als störend?

Finden Sie für sich heraus, welche Umgebung positiv für Ihre Arbeit ist! Können Sie sich vorstellen, in einem Großraumbüro, wo immer eine gewisse Unruhe herrscht, gut zu arbeiten, oder brauchen Sie Ihre Ruhe? Möchten Sie nicht nur am Schreibtisch arbeiten, sondern auch Geschäftspartner besuchen? Oder am liebsten ständig auf Reisen sein?

Wer sich nicht immer am selben Platz aufhalten möchte, sondern gerne im Außendienst tätig ist, um immer wieder neue Situationen und Umgebungen zu erleben, der würde mit einem reinen Innendienst-Job am festen Standort nicht glücklich.

Checkliste: Arbeitsatmosphäre/Betriebsklima

- Wann ist das Betriebsklima für Sie gut? Wie äußert sich das?
- Wie viel Wert legen Sie auf Umgangston und Umgangsformen? Wie sollten diese Ihrer Meinung nach sein?
- Wie wichtig ist es Ihnen, in der Arbeit Spaß zu haben? Wann haben Sie Spaß?
- Wie sollten die zwischenmenschlichen Beziehungen sein: eher formell-distanziert und rein fachlich oder locker und persönlich?
- Wie stehen Sie zum Thema Duzen und Siezen?
- Was erwarten Sie von Ihren Kollegen?

Da soziale Kompetenz im Arbeitsleben immer wichtiger wird, sollten Sie sich auf jeden Fall damit auseinander setzen. Nutzen Sie jetzt die Gelegenheit, um für sich zu klären: Was trage ich zu einem guten Betriebsklima bei? Wie gehe ich mit anderen Leuten um? Welche Voraussetzungen bringe ich mit, um als Kollege geschätzt und beliebt zu sein?

Machen Sie sich selbst klar, wie viel Nähe und Vertrautheit Sie geben möchten und von anderen erwarten. Das Thema „Duzen und Siezen" ist sehr wichtig und hat viel Einfluss darauf, wie man sich am Arbeitsplatz fühlt. In vielen Unternehmen ist es einfach normal, dass alle sich duzen. Aber das ist nicht jedermanns Sache. Wer gerne ein distanzierteres Verhältnis zu Kollegen und Vorgesetzten hat, fühlt sich in einer solchen Umgebung nicht unbedingt wohl.

Checkliste: Vorgesetzter/Führung

- Was macht Ihrer Meinung nach einen guten Chef aus? (Denken Sie auch an Autoritäten wie Eltern oder Lehrer.)
- Was erwarten Sie von Ihrem Vorgesetzten?
- Was brauchen Sie von ihm, um gut zu arbeiten?

- Wie kann Ihr Chef Sie motivieren? Wann demotiviert er Sie?
- Welche Erfahrungen haben Sie bisher mit Vorgesetzten gemacht?
- Was tragen Sie dazu bei, um ein gutes und konstruktives Verhältnis zwischen Ihnen und Ihrem Vorgesetzten zu ermöglichen?

Am besten machen Sie sich ganz konkrete Gedanken darüber, wie Sie sich einen Chef vorstellen, den Sie respektieren können und der Sie weiterbringt. Ihr Verhältnis zum Vorgesetzten ist ein ganz entscheidender Punkt für Ihre Leistungsfähigkeit, Ihr Engagement und Ihren Erfolg.

Wichtig ist es deshalb auch, dass Sie bei einem Gespräch unbedingt Ihren direkten Vorgesetzten persönlich kennen lernen. Das sollte zwar selbstverständlich sein, es gibt aber nach wie vor Unternehmen, die das Einstellen neuer Mitarbeiter von einem Personalsachbearbeiter erledigen lassen. Bitten Sie darum, Ihren künftigen Chef zu treffen, lassen Sie sich auf einen Dialog ein und fragen Sie detailliert, was Sie wissen möchten. Und hören Sie auch auf Ihr Bauchgefühl. Wenn Sie eine Stelle interessant finden, aber ein schlechtes Gefühl bei Ihrem künftigen Chef haben oder ihn am Ende sogar unsympathisch finden, dann lieber Finger weg von der Stelle!

Checkliste: Rahmenbedingungen

- Wie wichtig sind Ihnen Freizeit/Urlaub?
- Welche Arbeitszeitregelung finden Sie ideal? Wie viele Stunden wollen Sie maximal in der Arbeit verbringen?
- Wie stehen Sie zu Überstunden, Wochenendarbeit und Dienstreisen?
- Welche Gehaltsvorstellungen haben Sie? (Lesen Sie dazu ausführlich ab Seite 74.)

Bitte unterschätzen Sie die Rahmenbedingungen nicht. Am besten machen Sie sich ganz konkret Gedanken über Ihre Erwartungen und darüber, zu welchen Zugeständnissen Sie bereit sind und zu welchen nicht. Beim Urlaub gibt es beispielsweise eine Bandbreite vom gesetzlichen Mindesturlaub von 24 Werktagen bis hin zu 30/35 Tagen. Das sind gewaltige Unterschiede, über die Sie sich vorher klar sein sollten. Auch die Arbeitszeit ist wichtig: Wer festgelegte Arbeitszeiten bevorzugt und maximal 40 Wochenstunden arbeiten möchte, wird in Schwierigkeiten kommen, wenn er in einem Unternehmen landet, wo Überstunden an der Tagesordnung sind.

TIPP

Wenn Sie sich auf Ihren ersten Job bewerben, sollten Sie sich Gedanken darüber machen, wie Sie sich das Arbeitsleben grundsätzlich vorstellen. Inwiefern sich Studien- und Arbeitsalltag Ihrer Meinung nach voneinander unterscheiden. Welche neuen Herausforderungen vor Ihnen liegen und warum Sie davon überzeugt sind, diese gut bewältigen zu können.

Nachdem Sie alle Fragen gewissenhaft für sich beantwortet haben, gehen Sie Ihre Erwartungen einfach noch einmal in Ruhe durch und sortieren sie nach MUSS und WÄRE SCHÖN. Das geht am besten mit zwei verschiedenen Textmarkern.

Jetzt wissen Sie, auf welche Punkte Sie bei der Auswahl des Unternehmens unbedingt achten möchten und was Sie auf jeden Fall im Bewerbungsgespräch klären müssen. Übrigens brauchen Sie im Gespräch nicht jeden Punkt als Frage zu formulieren. Sie können dem Gegenüber Ihre Erwartungen und Vorstellungen auch einfach sagen.

Wenn Sie zum Beispiel gefragt werden: „Wie stellen Sie sich die Arbeit bei uns vor?“ Beschränken Sie sich bei Ihrer Antwort nicht auf Ihre tatsächlichen Vorstellungen, sondern sagen Sie auch, was

Sie gerne hätten: „Ich denke, dass die Tätigkeit in der Entwicklung zum einen aus viel Teamarbeit besteht und zum anderen bedeutet, viel alleine am PC zu tüfteln. Mir ist es bei Projekten sehr wichtig, in der Konzeptionsphase intensiv mit allen Betroffenen zusammenzuarbeiten, die Spezifikationen gemeinsam festzulegen, mich mit den beteiligten Kollegen auszutauschen und deren Input zu bekommen. Am liebsten möchte ich das entwickelte Produkt aber auch persönlich beim Kunden präsentieren."

Sofern in dem Unternehmen Entwickler gesucht werden, die immer alleine vor dem PC sitzen, wird der Personaler gleich sehen, dass Sie nicht der ideale Kandidat sind. Nun kann er entweder die Position umgestalten und die Stellenbeschreibung entsprechend ändern (das passiert übrigens gar nicht so selten, wenn ein Unternehmen tatsächlich sehr interessiert an einem Kandidaten ist) oder Ihnen sofort sagen, dass die Stelle nicht Ihren Erwartungen entspricht. Dann liegt es wiederum an Ihnen zu entscheiden, ob und inwieweit Sie Ihre Erwartungen verändern möchten. Da Sie die Punkte auf Ihrer Liste in MUSS und WÄRE SCHÖN sortiert haben, wissen Sie auch sofort, ob und welche Zugeständnisse Sie machen möchten.

Natürlich kann es sein, dass Sie so die eine oder andere Stelle nicht bekommen, weil Sie entweder selbst ablehnen oder der Personalentscheider Ihnen eine Absage gibt. Wie schon mehrfach betont, tun Sie sich selbst einen Gefallen, indem Sie gezielt nach einer Stelle suchen, in der Sie wirklich gut sein, sich wohl fühlen und weiterentwickeln können. Deshalb ist es besser, gleich im Vorfeld herauszufinden, ob es Aspekte gibt, die Ihnen missfallen oder gar gegen den Strich gehen. Denn sonst ist die Gefahr sehr groß, dass Sie entweder unglücklich und unzufrieden sind oder sich bereits nach wenigen Monaten eine neue Arbeit suchen müssen.

Meine Gehaltsvorstellungen

In vielen Stellenausschreibungen wird um die „Angabe Ihrer Gehaltsvorstellungen" gebeten. Spätestens im persönlichen Gespräch, wenn beide Seiten aneinander interessiert sind, geht es ums Thema Geld.

Sehr viele Bewerber fragen: „Was kann man denn als xyz verlangen?" Oder: „Was ist denn das Durchschnittsgehalt in diesem Beruf?" Natürlich sind grundlegende Informationen interessant, aber was in einer Branche/Position im Schnitt zu verdienen ist, sollte immer nur zur Orientierung dienen.

Ein Beispiel: Weil er gelesen hat, dass man in der IT-Branche kräftig Kohle machen kann, verlangt der Bewerber als Einstiegsgehalt für seine erste Stelle 80 000 Euro Jahresgehalt. Die Begründung: Das ist der Branchenschnitt. Dem Personalentscheider verschlägt es die Sprache.

Bitte bleiben Sie realistisch! Wer frisch von der Uni kommt, ist ein „Anfänger". Informationen über Branchengehälter erhalten Sie bei Berufsverbänden, bei Kammern, beim Arbeitsamt und auch im Internet (in Suchmaschinen über Begriffe wie „Gehaltstabellen", „Durchschnittsgehälter" etc.).

Wie kommen Sie auf Ihre Vorstellungen?

Lassen Sie Durchschnittsgehälter mal beiseite und rechnen Sie aus, welches Gehalt Sie brauchen. Überlegen Sie sich auch gleich, warum Sie es Ihrer Meinung nach verdienen. Am besten setzen Sie sich in Ruhe hin und schreiben auf:

1. Was brauche ich zum Leben?
   Notieren Sie alle Fixkosten, wie Miete, Versicherungen, Telefon, Haushaltsgeld ... Hier geht es erst einmal um alles, was Sie zum Leben brauchen.

2. Was hätte ich gerne noch zusätzlich?
   Damit ist alles gemeint, was Ihr Leben angenehmer macht: Ihr Beitrag für das Fitness-Studio, zweimal im Jahr eine Urlaubsreise ...

Das heißt:

Lebenshaltungskosten
\+ Wunschbetrag

Gehaltsvorstellungen

3. Wo kann/möchte ich Zugeständnisse machen?
   Überlegen Sie auf dieser Basis genau, wo Ihr absolutes Minimum liegt. Wie weit können und wollen Sie runtergehen? Und unter welchen Umständen? Also was muss eine Stelle Ihnen bieten, damit Sie Ihre Gehaltsvorstellungen nach unten korrigieren? Wären Sie bereit, einen Teil Ihres Gehalts erfolgsabhängig (Provisionsregelung) zu erhalten? Oder Teile davon in anderer Form, zum Beispiel als Weiterbildung?

Wenn Sie so vorbereitet sind, behalten Sie immer die Kontrolle und lassen sich nicht zu voreiligen Entscheidungen hinreißen: Sie nehmen nicht im Eifer des Gefechts eine Stelle an, bei der Sie zu wenig verdienen, nur weil sie Ihnen gut gefällt. Und umgekehrt lehnen Sie nicht gleich eine Stelle ab, nur weil sie Ihren eigentlichen Nettogehaltsvorstellungen nicht entspricht.

Gehaltsvorstellungen werden übrigens brutto und als Jahresgehalt angegeben – sowohl in den schriftlichen Unterlagen als auch im Gespräch.

Warum sind Sie diesen Betrag wert?

Ein Unternehmen möchte wissen, in wen es investiert. Deshalb sollten Sie in der Lage sein, auf folgende Fragen gut und überzeugend zu antworten: „Warum sind Sie dieses Gehalt wert?“ Oder auch: „Warum sollten wir Ihnen so viel bezahlen?“ Wer jetzt „Argumente“ bringt wie „Das ist ein branchenübliches Gehalt“, macht keinen besonders guten Eindruck.

Also: Warum sind Sie Ihr Geld wert? Wer mit der Antwort auf diese Frage Schwierigkeiten hat, sollte einfach noch mal das Kapitel zur Vorbereitung (ab Seite 27) durcharbeiten.

Wer bereits in einer festen Anstellung ist, wird eventuell nach seinem aktuellen Gehalt gefragt. Sagen Sie es ruhig, aber machen Sie nicht Ihre Gehaltsvorstellungen davon abhängig. Denn Ihre aktuelle Tätigkeit und die potenzielle neue Position haben nichts miteinander zu tun. Sie bestimmen Ihren Marktwert selbst. Und das interessierte Unternehmen prüft, ob es bereit ist, den „aktuellen Preis“ zu zahlen. Wichtig ist es also, die eigenen Gehaltswünsche überzeugend und fundiert begründen zu können.

Falls Sie sich ungut bei dem Gedanken fühlen, mit einem potenziellen Arbeitgeber über Geld zu sprechen, können Sie das vorher üben. Entweder mit einem Bekannten, in einem Training oder auch mit einem persönlichen Coach. Denn dieses unangenehme Gefühl kann das ganze Gespräch negativ beeinflussen, weil man dauernd darauf wartet, dass das Thema aufkommt. Das macht nervös und erschwert es, sich auf das laufende Gespräch zu konzentrieren. Außerdem kann man sich so im Vorfeld selbst testen und erfahren, wie glaubwürdig und überzeugend man in puncto Gehaltsvorstellungen wirkt.

TIPP

Über Geld spricht man nicht sofort – außer das Unternehmen schneidet von sich aus das Thema an. Ansonsten kommt die Gehaltsfrage erst ins Spiel, wenn beide Seiten ernsthaftes Interesse daran bekunden, miteinander zu arbeiten.

Vielfältige Möglichkeiten der Jobsuche

Bis vor einigen Jahren war das Hauptwerkzeug bei Bewerbungen die Stellenanzeige. Die Printanzeige spielt auch heute noch eine große Rolle. Mittlerweile gibt es dazu allerdings eine Fülle von Alternativen, um an den Traumjob zu kommen. Damit Sie sich besser orientieren können, hier die wichtigsten Werkzeuge:

- *Stellenanzeige in der Zeitung*
  Die Klassiker unter den Stellenmärkten sind die der großen Tageszeitungen, wie der *Süddeutschen Zeitung* und der *FAZ*. Es empfiehlt sich jedoch, auch regionale Blätter zu beachten: Viele Firmen schalten regional, um besonders Kandidaten anzusprechen, die im Umkreis wohnen.

- *Stellenanzeigen in Fachzeitschriften*
  Wer in eine bestimmte Branche wechseln möchte, sollte sich die relevanten Fachzeitschriften ansehen. Dort konzentrieren sich die Stellenausschreibungen. Wer beispielsweise eine Karriere in der Werbung anstrebt, sollte sich die Fachzeitschriften *w & v* und *horizont* ansehen. Das hat den zusätzlichen Vorteil,

gleich Brancheninformationen zu erhalten, die wiederum beim späteren Bewerbungsgespräch nützlich sein können.

Wenn Sie nicht wissen, welche Fachzeitschriften es in der angestrebten Branche gibt, können Sie entweder im Internet in einer Suchmaschine recherchieren oder einfach ein Unternehmen der Branche anrufen und dort nachfragen. Auch Berufs- und Branchenverbände helfen gerne weiter.

Stellenanzeigen richtig lesen und nutzen

Ein Unternehmen überlegt sich immer sehr genau, wie es in einer Stellenanzeige auftritt – egal, ob das eine Anzeige ist oder eine virtuelle Ausschreibung. Achten Sie also nicht nur auf den Inhalt, sondern auch auf: Design, Größe, Farben und Bilder, Schrift sowie Inhalte.

Schlagen Sie am besten einmal den Stellenmarkt auf und versuchen Sie ein Gefühl für die unterschiedlichen Anzeigen zu bekommen: Sind Fotos, Wörter, Layout eher klar strukturiert und traditionell? Oder tritt die Firma modern und leger auf? Spricht die Firma mehr über sich selbst (was und wie) oder mehr über den idealen Mitarbeiter und das gewünschte Profil (was und wie)?

Achtung! Bei Stellen, die über Personalberatungen vermittelt werden, findet sich natürlich deren Corporate Design – achten Sie hier verstärkt auf die Inhalte.

Mit der Anzeige arbeiten

Viele Bewerber lesen eine Anzeige und gehen dann sofort zum Computer, um ein altes Anschreiben anzupassen. Besser ist es, sich zunächst intensiv mit der Ausschreibung zu befassen:

1. Schneiden Sie die Anzeige aus oder drucken Sie sie aus, heften Sie sie an ein Blatt Papier und schreiben Sie erst einmal genau auf, warum gerade diese Anzeige Sie anspricht. Genauso wichtig sind übrigens auch die Inserate, die Sie einfach überblättern: Werden Sie sich ganz klar darüber, warum Sie bestimmte Anzeigen nicht interessant finden, denn vielleicht versagen Sie sich hier bereits Chancen, weil Sie es gar nicht probieren. So kann es sein, dass Sie als Studienabbrecher immer gleich frustriert die Flinte ins Korn werfen, wenn als Voraussetzung ein abgeschlossenes Studium erwähnt ist. Andererseits gibt es Bewerber, die sämtliche Voraussetzungen komplett ignorieren und sich tatsächlich auf Stellen bewerben, für die ausdrücklich ein Abschluss nötig ist.
   Analysieren Sie in Ruhe, nach welchen konkreten Kriterien Sie auswählen, auf welche Ausschreibung Sie sich bewerben – und auf welche nicht.

2. Unterstreichen Sie Schlüsselwörter. Nehmen Sie sich mehrere Farbstifte: Unterstreichen Sie in einer Farbe, welche Worte und Formulierungen Ihnen wichtig sind, und mit der anderen, welche Schlüsselwörter offensichtlich für diese Firma wichtig sind.
   Greifen Sie diese Begriffe dann in der Bewerbung auf: Benutzen Sie sie beiläufig und thematisieren Sie einige davon. So sprechen Sie von vornherein die gleiche Sprache wie das Unternehmen und stellen eine Gemeinsamkeit her. Wichtig ist dabei jedoch, nicht einfach einige Begriffe zu wiederholen. Etwa, wie das leider häufig gemacht wird, die üblichen Wörter aneinander zu reihen, à la „Ich bin kreativ, teamfähig und flexibel".
   Besser ist es, authentisch zu sein: Beziehen Sie sich auf die Inhalte, die Ihnen selbst auch entsprechen, und machen Sie diese dann im Anschreiben greifbar (Details ab Seite 105).

3. Heften Sie Ihr Blatt mit den Markierungen und mit Ihren Notizen, warum Sie speziell diese Anzeige anspricht, zu der Kopie Ihrer Bewerbung. Bewahren Sie Ihre Bewerbungsunterlagen so auf, dass Sie sie bei einem Anruf, einem Brief oder einer E-Mail des Unternehmens auf den ersten Griff vor sich haben.
Wenn Sie sehr viele Bewerbungen verschickt haben, lohnt sich ein alphabetisch sortierter Ordner. So können Sie während eines Telefonats direkt Ihre Bewerbung ansehen und das Gespräch vorbereitet und selbstsicher führen. Es gibt nichts Schlimmeres als eine enthusiastische Bewerbung, bei der der Bewerber schließlich nicht mehr weiß, für wen er so Feuer und Flamme war: „Welche Firma sind Sie noch mal?“

- *Eigenes Gesuch aufgeben (Print)*
Ein Inserat aufzugeben zeugt von Eigeninitiative. Wichtig ist es, nicht am falschen Ende zu sparen – ein kleiner Zweizeiler voller Abkürzungen wird nicht von großem Erfolg gekrönt sein. Es lohnt sich daher, ein wenig mehr Geld auszugeben und etwas auffälliger aufzutreten, zum Beispiel mit einem Rahmen. Auch in diesem Fall empfehlen sich Fachzeitschriften: Dort sind in der Regel nicht nur die Anzeigenpreise günstiger, sodass man sich einen längeren Text leisten kann, sondern auch die Aufmerksamkeit der Leser ist höher, weil alle Inserate für die eigene Branche relevant sind.

- *Internet: Firmenhomepages und Jobbörsen*
Das Internet hat für den Bewerbungsprozess neue Wege erschlossen: Auch online gibt es für jeden Bewerber die Möglichkeit, aktiv oder passiv auf die Suche nach einer neuen Stelle zu gehen. Also entweder selbst ein Gesuch ins Netz zu stellen oder nach ausgeschriebenen Stellen zu recherchieren. Unternehmen mit eigenem Internetauftritt veröffentlichen dort in der Regel

auch offene Positionen. Es lohnt sich also, Homepages der Firmen zu besuchen, bei denen man gerne arbeiten würde, und gezielt deren Karrieresektion zu durchsuchen.
Da man manche Firmen einfach nicht kennt und deshalb nicht auf deren Website kommt, helfen Online-Jobbörsen weiter. Diese gibt es mittlerweile in einer unglaublichen Vielfalt – branchenübergreifend, branchenspezifisch (z. B. IT) oder auch für bestimmte Berufsgruppen (beispielsweise nur Ingenieure).

- *Personalvermittler/-berater*
  Es gibt eine Fülle von Personalvermittlungen und -beratungen, bei denen Sie sich bewerben können. Der Vorteil dabei ist, dass Sie in Ihrer Bewerbung direkt auch sagen können, welche Kriterien für Sie wichtig sind.
  Es lohnt sich, die Vermittlungs-/Beratungsunternehmen gezielt auszuwählen. Manche Firmen konzentrieren sich auf spezielle Branchen/Positionen, andere sind branchenübergreifend tätig. Am besten hilft hier wieder ein Blick ins Internet: Auf den Homepages bekommt man nicht nur gezielte Informationen über das Unternehmen, sondern auch über dessen Kundenstruktur. Oft sind dort auch aktuelle Gesuche zu finden.
  Der übliche Ablauf ist, dass die Unterlagen gesichtet werden und dann in einer Bewerberdatenbank landen. Bewirbt man sich also nicht gezielt auf eine von dem Vermittlungsunternehmen ausgeschriebene Position, kann es etwas dauern, bis eine passende Stelle gefunden ist und sich das Unternehmen meldet.
  Gute Personalvermittlungen haben ein enges Verhältnis zu ihren Kunden und können nicht nur die fachliche Qualifikation abchecken, sondern wissen auch, ob das Unternehmen zum Kandidaten passt – und umgekehrt.

- *Agentur für Arbeit*
  Die Agentur für Arbeit ist nach wie vor eine gute Quelle, um zu erfahren, wo es freie Stellen gibt. Angeboten werden sowohl

Beratung als auch Vermittlung. Man kann ebenso selbst im „Virtuellen Arbeitsmarkt“ der Agentur für Arbeit recherchieren – über Terminals in den Arbeitsagenturen vor Ort oder im Internet unter: www.arbeitsagentur.de

- *Zeitarbeit*
  Immer mehr Firmen nehmen Zeitarbeit in Anspruch, um kurzfristig Personalknappheit zu überbrücken. Nicht selten mündet das temporäre Angestelltenverhältnis in ein festes. Der Vorteil für beide Seiten ist, dass man sich gegenseitig kennen lernt und der Bewerber bereits mit der Arbeit vertraut ist. Weiterer Vorteil für unentschlossene Bewerber: Das Zeitarbeitsunternehmen übernimmt die Vermittlung – und durch den Einsatz in verschiedenen Unternehmen kann man viel Erfahrung sammeln.
  Wer sich für Zeitarbeit entscheidet, sollte die Veränderung mögen: Ständig gibt es neue Situationen, sowohl was die Arbeitsabläufe als auch was das Umfeld betrifft.
  Zeitarbeitsfirmen sind meist auf bestimmte Branchen spezialisiert. Auch hier lohnt es sich, vorab Informationen über die Firma und deren Kundenstruktur einzuholen und natürlich auch die Konditionen zu vergleichen.

- *Praktikum*
  Nicht jedes Praktikum führt zu einer Festanstellung – viele Unternehmen sind allerdings offen für ein Praktikum mit anschließender Festanstellung, da sie auf diese Weise ohne Risiko und ohne große Kosten den Kandidaten im Arbeitsalltag erleben können.
  Wenn Sie also eine feste Stelle anstreben und als Einstieg ein Praktikum machen möchten, dann klären Sie mit dem Unternehmen vorher, ob eine Festanstellung überhaupt infrage kommt. Machen Sie Ihre eigenen Ziele klar: Welche Position streben Sie an? Nur wenn beide Seiten ihre Erwartungen vorher klären, ist ein solches Arrangement erfolgversprechend.

Checken Sie vorher auch ab, welche Aufgaben Sie als Praktikant haben werden, denn hier gibt es große Unterschiede: von der Hilfskraft, die die Ablage macht und Besorgungen erledigt, bis hin zum Allrounder, der eigenverantwortlich Projekte durchführt.
Ein Praktikum dauert einige Wochen oder ein paar Monate – in dieser Zeit verdient man deutlich weniger als bei einer normalen Festanstellung.

- *Fachmessen*
  Immer mehr Firmen nutzen Fachmessen auch fürs Personal-Recruiting. Ein nahe liegender Gedanke, denn die Besucher sind in der Regel Fachleute in der Branche.
  Packen Sie also einige Bewerbungsmappen für Ihren Messebesuch mit ein. Oder gehen Sie gezielt für die Jobsuche auf die Fachmesse, die für die Branche Ihrer Wahl relevant ist. Sie werden bei manchen Unternehmen direkt mit einem Personalentscheider sprechen, bei anderen „nur" die Bewerbung abgeben können. Nutzen Sie in jedem Fall das Gespräch dafür, vom Standpersonal nähere Informationen über die Firma zu bekommen.
  Wenn Sie eine bestimmte Firma im Auge haben, rufen Sie am besten vor der Messe bei der Personalabteilung an: Fragen Sie nach, ob auf der Messe jemand für ein Personalgespräch anwesend ist, und vereinbaren Sie gegebenenfalls bereits im Vorfeld einen Termin.

- *Recruitingmessen*
  Seit einigen Jahren gibt es spezielle Recruitingmessen: Unternehmen präsentieren sich den Bewerbern, stehen für Fragen zur Verfügung und führen vor Ort erste Gespräche. Bei einigen dieser Veranstaltungen ist es auch vorgesehen, dass sich Kandidaten bei Firmen präsentieren – in Form von kleinen Assessment-Centern, Vorträgen/Präsentationen und so weiter.

Recruiting-Veranstaltungen sind in der Regel branchenübergreifend. Auch hier lohnt es sich, vorher Termine zu vereinbaren – auf jeden Fall aber eine ausreichende Anzahl von Bewerbungsunterlagen auf die Messe mitzunehmen.

- *Direktansprache*
  Gibt es eine Firma, bei der Sie gerne arbeiten möchten? Dann machen Sie das Unternehmen auf sich aufmerksam: Rufen Sie bei der Personalabteilung an oder schicken Sie Ihre Bewerbung („Blind-" oder auch „Initiativbewerbung").
  Wie bereits mehrfach angesprochen, ist es bei Eigeninitiative sehr wichtig, dass Sie unter anderem zum Ausdruck bringen, warum Sie ausgerechnet bei dieser bestimmten Firma arbeiten möchten. Dies sollte Ihnen gerade bei einer Initiativbewerbung leicht fallen, weil Sie sich das Unternehmen ja ganz gezielt ausgesucht haben.

- *Freunde und Bekannte*
  Eine gute Möglichkeit, die häufig vergessen wird, ist, im Freundes- und Bekanntenkreis zu streuen, dass man eine Stelle sucht und welche. Es ist immer wieder erstaunlich, wie vernetzt Menschen untereinander sind. Jeder kennt eine ganze Menge Leute, die wiederum Leute kennen – und nicht selten hört man von Freunden, dass in deren Firma Leute gesucht werden. Oder dass jemand jemanden kennt, der einen guten Kontakt zu einem Unternehmen hat.
  Nützen Sie diesen Weg ganz aktiv. Wichtig ist es, möglichst konkret zu sein. Also nicht nur zu sagen „Ich suche Arbeit", sondern ganz gezielt den Bereich und eventuell die Position zu benennen. Und bitten Sie Ihre Gesprächspartner explizit darum, die Ohren offen zu halten und an Sie zu denken, wenn sie etwas Interessantes erfahren.

Wie komme ich an Informationen über ein Unternehmen?

Ein wichtiger Schritt für jeden Bewerber ist, sich über eine Firma vorab zu informieren. Zum einen, um im Vorfeld schon festzustellen, ob man sich dort überhaupt bewerben möchte. Zum anderen, um gut vorbereitet und informiert an die Bewerbung heranzugehen. Eine Bewerbung ist nur dann wirklich gut – und damit aussichtsreich –, wenn man individuell auf die angestrebte Position/das Unternehmen eingeht. Und das ist wiederum nur mit entsprechenden Informationen möglich. Hier einige Anregungen, wie Sie an diese Informationen kommen.

Wie tritt das Unternehmen nach außen auf? (Werbung)
Ob es sich um die Stellenausschreibung handelt, eine Werbebroschüre, das Briefpapier, die Visitenkarten: Sehen Sie sich das jeweilige Werbemittel etwas genauer an. Welche Wirkung hat es auf Sie? Welche Optik (Farben, Schriften, Layout) und welche Inhalte wurden gewählt? Wie beschreibt das Unternehmen sich selbst? Wie spricht es seine Kunden an? Welche Punkte hebt es besonders hervor? Achten Sie auf die Wortwahl.

Internet
Das Web macht es Ihnen wieder sehr einfach, an die gewünschten Infos zu kommen. Ihnen stehen zur Verfügung:

- *Firmenhomepages*
  Fast jede Firma ist heutzutage im Internet – eine Ausnahme sind Branchen, in denen das Netz noch nicht so weit verbreitet ist, wie beispielsweise das Handwerk. Der Internetauftritt gibt Ihnen in der Regel umfassende Informationen uber die Firma.

- *Suchmaschinen*
  Wenn Sie die Web-Adresse der gesuchten Firma nicht kennen, nutzen Sie eine Suchmaschine. Mit deren Hilfe können Sie entweder konkrete Unternehmen aufspüren oder eine Auflistung von interessanten Firmen – gegliedert nach Branchen – bekommen. So erschließen Sie neue Möglichkeiten, denn häufig gibt es Unternehmen, die man vom Namen her einfach nicht kennt, die aber für die angestrebte Position genau richtig sind. Im Anhang finden Sie die Adressen der gängigsten Suchmaschinen.

- *Homepages Fachverbände/Fachzeitschriften*
  Auf den Websites von Berufsverbänden oder auch von Fachzeitschriften findet sich ebenfalls eine Fülle von Informationen – über spezielle Unternehmen oder auch allgemein über die jeweilige Branche.
  Bracheninformationen sind sehr wichtig, weil sie Ihnen auch im Bewerbungsgespräch nützlich sein können: Um Fragen zu beantworten, aber auch um aktiv Fragen zu stellen.

- *Internet-Foren*
  In Foren kann man Fragen stellen und beantworten. Auch das ist eine Möglichkeit, Informationen über Unternehmen zu bekommen. Man kann andere Internetnutzer um Tipps bitten, um Details über die Firma xy rauszufinden. Oder auch direkt fragen, ob jemand etwas über eine Firma weiß oder vielleicht selbst dort arbeitet.
  Bitte vergessen Sie bei dieser Variante nicht, dass Sie subjektive Antworten bekommen, die „nur" der Meinung von Einzelpersonen entsprechen.

Andere Quellen

- *Berichterstattung in Zeitungen/Fachzeitschriften*
  Wie oben kurz angesprochen, sind auch Berichte in Zeitungen

und Fachzeitschriften eine gute Quelle für Unternehmensinformationen – sowohl was die Branche als auch was einzelne Firmen betrifft.

- *Informationsmaterial/Prospekte/Geschäftsbericht*
  Unabhängig von der Online-Welt können Sie jederzeit bei einem Unternehmen anrufen und um Informationsmaterial bitten: Das können entweder ein Geschäftsbericht oder auch Prospekte und sonstige Werbematerialien für Kunden sein.
  Am besten sagen Sie gleich dazu, dass Sie sich über die Firma näher informieren, weil Sie sich dort bewerben möchten. Und: Fragen Sie am besten direkt in der Personalabteilung nach, dann entsteht nicht das Missverständnis, dass Sie ein potenzieller Kunde sind. Außerdem beweisen Sie so Interesse und Initiative.

- *Sie kennen jemanden bei dem Unternehmen Ihrer Wahl*
  Manchmal kennt man bereits jemanden – im engeren Kreis oder über ein paar Ecken –, der in der Firma arbeitet oder gearbeitet hat. Scheuen Sie sich nicht, diese Person anzusprechen. Auch dann nicht, wenn es jemand ist, den Sie selbst nicht direkt kennen: Rufen Sie ruhig dort an, stellen Sie sich vor und nennen Sie den Namen der Person, über die der Kontakt zustande gekommen ist. Wenn Sie jetzt noch erklären, dass Sie sich bei der Firma xy bewerben und gerne wissen möchten, wie es dort so ist, bekommen Sie sicherlich gerne eine Auskunft.
  Auch hier sollten Sie beachten, dass es sich um eine Einzelmeinung handelt. Es kann also durchaus sein, dass Sie eine absolut euphorische Antwort bekommen – oder eine ausgesprochen negative. Lassen Sie sich jeweils ein paar Beispiele geben, dann können Sie viel besser entscheiden, wie Sie die einzelnen Punkte werten möchten. Je größer das Unternehmen, desto wichtiger ist es natürlich zu erfahren, wie es in der von Ihnen angestrebten Abteilung aussieht. Da kann es innerhalb einer Firma nämlich große Unterschiede geben.

Am besten ist es natürlich, konkrete Fragen zu stellen. Überlegen Sie sich also vorher, was Sie tatsächlich wissen möchten. Je genauer Sie Ihre Fragen stellen und je gezielter Sie nachhaken, desto eher können Sie mit den Informationen auch etwas anfangen.

TIPP

Nennen Sie nie Einzelpersonen in der Bewerbung oder im Gespräch, außer Sie haben das vorher mit der betreffenden Person abgesprochen.

Beispiel: Sie haben von Ihrer Freundin, die bei der Firma arbeitet, für die Sie sich interessieren, von einer freien Stelle erfahren. Wenn Ihre Freundin damit einverstanden ist, dann ist es natürlich gut, im Anschreiben Bezug darauf zu nehmen. Fragen Sie Ihre Informationsquelle aber immer vorher, ob es ihr recht ist, namentlich genannt zu werden.

Wie Sie die gesammelten Informationen aktiv für Ihren Erfolg nutzen, erfahren Sie in den Abschnitten zur schriftlichen und persönlichen Bewerbung.

Interview

„Das Studium wurde mir zu abstrakt."

Sabine, 35, abgebrochenes VWL-Studium, berichtet:

Nach dem Abi habe ich erst mal eine Lehre zur Steuergehilfin gemacht. Das war von 1987 bis 1989. Für Steuergehilfin hatte ich mich entschieden, weil ich etwas haben wollte, worauf ich aufbauen kann. Mein Ziel war Bilanzbuchhalter oder auch Steuerberater. Außerdem ist diese Ausbildung branchenunabhängig: Es muss nicht eine Kanzlei sein. Buchhaltung hat jede Firma.

Schließlich kann man diesen Beruf später auch gut mit Familie kombinieren – und auch in Teilzeit oder selbstständig ausüben.

Während meiner Ausbildung hab ich mich dann doch für ein BWL-Studium entschieden. Musste dann aber erst mal mit VWL anfangen, weil ich keinen Studienplatz bekommen habe. Die ersten zwei Semester habe ich eifrig studiert – und nebenbei in meiner Ausbildungskanzlei gejobbt. Im dritten Semester habe ich dann nur noch gefeiert und morgens ausgeschlafen. Hat jeder so gemacht. Mein Motto war: „Jetzt bin ich jung. Jetzt will ich leben." Dazu kam, dass das Studium immer abstrakter wurde. In den ersten ein, zwei Semestern habe ich mir die Sachen rausgesucht, die mich interessiert haben. Dann kamen die Scheine, die mich zum Teil überhaupt nicht interessierten. Ich habe mich auch innerlich gewehrt, weil alles so theoretisch war. Bei vielen Themen habe ich einfach nicht gesehen, was ich damit im Leben anfangen sollte.

Mein Studium ist dann so dahingeplätschert, es hat mir immer weniger Spaß gemacht. Im Gegensatz zur Arbeit: In der Kanzlei hatte ich unmittelbare Erfolgserlebnisse. Du siehst, was du tust. Das Studium aufhören wollte ich aber auch nicht, weil: „Jetzt hab ich's angefangen, jetzt mach ich's auch."

Es war zwar ein lockeres Leben damals, aber ich hatte ein ständiges schlechtes Gewissen. Erst nach dem sechsten Semester habe ich dann aufgehört. Ich dachte immer, es sei schlimm, das Studium abzubrechen und „einfach so" zu arbeiten.

Ab dem fünften Semester hatte ich dann auch einen anderen Nebenjob. In einer Bildagentur habe ich die Buchhaltung mit aufgebaut und gemanagt. Und einen ganz neuen Zugang zur Arbeit bekommen: Vorher habe ich gearbeitet, um Geld zu verdienen. Jetzt machte mir die Arbeit auf einmal immer mehr Spaß. Als dann dort plötzlich jemand fest für die Buchhaltung gesucht wurde, war mir klar: Es gibt ein Leben nach dem Studium. Ich hab dann einfach die anstehenden Prüfungen sausen lassen und mich nicht mehr zurückgemeldet.

Diese Entscheidung war, obwohl ich sie bewusst gefällt habe, nicht leicht: Weil's für mich so eine große Sache war, das Studium abzubrechen, habe ich erwartet, dass die anderen denken, ich sei ein Loser. Aber die Reaktion war überhaupt nicht so! Bereut hab ich diesen Entschluss nie.

3. Erfolgreich schriftlich bewerben

Im ersten Teil dieses Buches haben Sie sich die Grundlagen für Ihre optimale Eigenpräsentation geschaffen: Sie wissen jetzt, wer Sie sind, was Sie können, was Sie wollen. Außerdem haben Sie sich bereits orientiert, für welche Positionen/bei welchen Unternehmen Sie sich bewerben möchten. Sehr gut!

Der nächste Schritt, überzeugende Bewerbungsunterlagen zusammenzustellen, ist für viele nicht sehr einfach. Aber keine Sorge, Sie erfahren in diesem Kapitel detailliert, was alles zu einer guten Bewerbungsmappe gehört.

Sehen wir uns zuerst an, wie Sie bei der schriftlichen Bewerbung grundsätzlich am besten mit Ihrem Studienabbruch oder einem zu langen Studium umgehen.

TIPP

Versuchen Sie nie, einen vermeintlichen „Makel“ zu verbergen! Dass Sie Ihr Studium abgebrochen haben, ist ohnehin aus Ihren Unterlagen ersichtlich.

Allerdings brauchen Sie auch nicht mit einem leuchtend roten Pfeil von vornherein Werbung dafür zu machen. Damit ist nicht nur gemeint, wo Sie die Information über Ihren Studienabbruch erwähnen, sondern vor allen Dingen auch wie. Bitte berücksichtigen Sie, dass jede Situation individuell zu betrachten ist. Wir versuchen trotzdem, eine Orientierung zu geben, wie Sie in den verschiedensten Fällen mit dem Studienabbruch oder dem zu langen Studium umgehen können. Hier unsere Empfehlungen:

Situation	Wie, wo, wann in der schriftlichen Bewerbung erwähnen
Sie haben Ihr Studium abgebrochen und möchten jetzt eine Festanstellung in diesem Bereich.	Wenn Sie sich unmittelbar nach dem abgebrochenen Studium bewerben, gehen Sie in die Offensive und begründen Sie, weshalb Sie sich zum Abbruch entschlossen haben. Wo? Im Anschreiben. Stellen Sie außerdem gezielt Ihr im Studium erlangtes Fachwissen, das für die Stelle relevant ist, in den Vordergrund.
Sie haben Ihr Studium abgebrochen und möchten jetzt eine Festanstellung in einem völlig anderen Bereich.	Wie oben: Gehen Sie direkt im Anschreiben auf Ihre Entscheidung ein, das Studium abzubrechen. Beantworten Sie vor allen Dingen auch die offensichtlichsten Fragen: Warum die Neu-Orientierung? Warum gerade in diesen Bereich? Da Sie keine fachlich einschlägige Ausbildung mitbringen, ist ein Schwerpunkt auf Ihre Motivation und Persönlichkeit zu legen.
Sie haben Ihr Studium abgebrochen, ein neues angefangen – und dieses dann erfolgreich abgeschlossen. Jetzt suchen Sie in diesem Bereich eine Festanstellung.	In diesem Fall brauchen Sie Ihr erstes, abgebrochenes Studium nicht besonders zu erwähnen. Es erscheint ganz normal als Information im Lebenslauf. Für die Stelle, die Sie anstreben, haben Sie Ihr (zweites) Studium erfolgreich beendet. Das abgebrochene Studium wird allerdings sicher Gesprächsthema sein.

Situation	Wie, wo, wann in der schriftlichen Bewerbung erwähnen
Sie haben Ihr Studium abgebrochen, ein neues angefangen – und dieses erfolgreich abgeschlossen. Jetzt suchen Sie eine Festanstellung im Bereich Ihres ersten, abgebrochenen Studiums.	Auch hier: Gehen Sie direkt im Anschreiben auf Ihre Situation ein. Warum der Schlenker? Warum wieder zurück in den Bereich, den Sie abgebrochen hatten?
Sie haben Ihr Studium abgebrochen, ein neues angefangen – und dieses erfolgreich abgeschlossen. Jetzt suchen Sie eine Festanstellung in einem völlig anderen Bereich.	Ein doppelter Schlenker in Ihrem Lebenslauf: Deshalb ist es wichtig, bereits im Anschreiben zu erwähnen, wie es kam – den Schwerpunkt wiederum auf Ihre Motivation zu legen: Warum umorientiert und jetzt, nach erfolgreichem Abschluss, wieder?
Sie haben Ihr Studium abgebrochen, ein neues begonnen, dies ebenfalls abgebrochen – und suchen jetzt eine Festanstellung in einem Bereich, der einem der beiden Studiengänge entspricht.	Wer zweimal ein Studium begonnen und abgebrochen hat, der muss sich doppelt ins Zeug legen: Denn davon kann man ableiten, dass sich der Bewerber entweder nicht genug Gedanken macht oder/und es ihm an Durchhaltevermögen mangelt. Auch hier heißt es: Den Stier bei den Hörnern packen und direkt im Anschreiben darauf eingehen. Heben Sie wieder hervor, was Ihnen das Studium in dem betreffenden Bereich für die angestrebte Stelle nützt – auch wenn es abgebrochen wurde.

Situation	Wie, wo, wann in der schriftlichen Bewerbung erwähnen
Sie haben Ihr Studium abgebrochen, ein neues begonnen, dies ebenfalls abgebrochen – und suchen jetzt eine Festanstellung in einem völlig anderen Bereich.	Wie in der vorher beschriebenen Situation. Geben Sie zusätzlich eine Erklärung für die neuerliche Umorientierung.
Sie haben extrem lange studiert – und das Studium abgeschlossen. Sie suchen eine Festanstellung in diesem Bereich.	Sie können Ihr langes Studium entweder nur im Lebenslauf erwähnen – oder es direkt im Anschreiben anschneiden. Denken Sie daran: Wenn mehrere Bewerber auf dem Papier gleich qualifiziert erscheinen, kann die Studienzeit sehr wohl entscheidend für eine Einladung sein. Wir raten deshalb, bei extrem langer Studienzeit bereits im Anschreiben ein paar Worte darüber zu verlieren. Aber nicht à la „Ich hab so lange studiert", sondern vorteilhafter und dezenter (siehe auch im Abschnitt „Das Anschreiben").
Sie haben extrem lange studiert – und das Studium abgeschlossen. Sie suchen eine Festanstellung in einem völlig anderen Bereich.	Wie eins weiter oben. Mit Ihrer Motivation für die neuerliche Richtung, die Sie beruflich einschlagen möchten.

Situation	Wie, wo, wann in der schriftlichen Bewerbung erwähnen
Sie haben extrem lange studiert – aber das Studium nicht abgeschlossen (entweder Abbruch oder nicht bestanden). Sie suchen eine Festanstellung in diesem Bereich.	Auch hier ist unsere Empfehlung für Sie die Offensive: Gehen Sie auf die Situation kurz ein und setzen Sie dann Ihren Schwerpunkt auf Ihre Motivation für die neue Position. Nutzen Sie das, was Sie im Studium gelernt haben: Auch wenn Sie keinen Abschluss haben, so haben Sie sich ja eine Menge angeeignet, was sich nun im Berufsalltag nutzen lässt!
Sie haben extrem lange studiert – aber das Studium nicht abgeschlossen (entweder Abbruch oder nicht bestanden). Sie suchen eine Festanstellung in einem völlig anderen Bereich.	Siehe die vorangegangene Situation.

Wenn es um eine Begründung oder Erklärung geht, ist es wichtig, nicht in Rechtfertigungen abzudriften – weder vom Ton noch vom Umfang her. Gehen Sie gezielt und kurz auf den Sachverhalt ein und vermitteln Sie Ihre Beweggründe. Achten Sie darauf, die Sache nicht schönzureden oder gar anderen (Personen/Umständen) die Schuld zu geben.

Erklären bedeutet nicht, einfach das Offensichtliche wiederzugeben à la „... und dann habe ich das Studium abgebrochen und das andere begonnen". Es geht darum, Ihre Beweggründe zu skizzieren.

Der Personalentscheider soll Ihre Entscheidungen nachvollziehen können. Sie bekommen bei der Lektüre dieses Buches zahlreiche Tipps, wie Sie das machen können.

Das Unternehmen, bei dem Sie sich bewerben, sucht „den richtigen Mitarbeiter“. Und das setzt voraus – das haben Sie schon mehrmals an verschiedenen Stellen in diesem Buch gelesen –, dass Sie fachlich qualifiziert sind und dass die Persönlichkeit passt – zur Stelle, zum Unternehmen, zum bestehenden Team.

Keine Sorge: Es ist nicht so, dass jeder Personalentscheider ausschließlich auf Ihr Studium schielt. Die Beurteilung von Bewerbungsunterlagen ist sehr individuell. Zum einen hängen die Kriterien davon ab, worauf man innerhalb des Unternehmens achtet. Zum anderen ist es natürlich auch immer eine ganz persönliche Entscheidung, die der Personaler aufgrund seiner Erfahrung und auch seines Gefühls trifft.

Was allgemein „ankommt“, kann man daher nicht pauschal sagen. Wichtig ist jedoch, auf alles zu achten: von der guten und benutzerfreundlichen Struktur der Bewerbungsunterlagen bis hin zur Wirkung und zu relevanten Inhalten.

Die Bewerbungsmappe

Trotz der vielseitigen Möglichkeiten, an den Traumjob zu kommen, ist die schriftliche Bewerbung nach wie vor der wichtigste Schritt, Werbung in eigener Sache zu machen. Die Bewerbungsmappe hat übrigens nur einen Zweck: Ihre Eintrittskarte zu einem persönlichen Gespräch zu sein. Hierzu können Sie viel beitragen: Die schriftliche Bewerbung muss für den Empfänger so interessant sein, dass er Sie persönlich kennen lernen möchte.

In diesem Kapitel erfahren Sie alles

- zur Wirkung Ihrer Bewerbung und
- zu den Bestandteilen einer guten Bewerbungsmappe.

Die Bewerbungsmappe ist Ihr Stellvertreter

In den meisten Fällen ist Ihre schriftliche Bewerbung das Erste, was der Personalentscheider von Ihnen sieht. Und den Eindruck, den er von Ihrer Bewerbung hat, wird er auf Sie als Person übertragen. Die Rückschlüsse zieht der Personalentscheider zum einen aus der Optik, zum anderen aus den Inhalten. Es ist also wichtig, bei der Bewerbung auf Details zu achten. Vermeintliche Nebensächlichkeiten wie beispielsweise die Farbe Ihrer Mappe lösen beim Betrachter eine bestimmte Wirkung aus. Da ist eine Bewerbung vielleicht inhaltlich tipptopp, wirkt aber optisch absolut langweilig. So ein Eindruck färbt auf die Person ab, die dahintersteht.

Überlegen Sie sich also vorher:

- Wie bin ich eigentlich?
- Welche Wirkung möchte ich erzielen?

Und stimmen Sie Inhalt und Ausführung der Bewerbung auf diese Eigenschaften ab. Was damit im Detail gemeint ist, erfahren Sie auf den Folgeseiten.

Gute Bewerbungsunterlagen erfüllen folgende Kriterien:

Sie sind vollständig.
Ihre Unterlagen sind auf dem neuesten Stand. Alle relevanten Anlagen, zum Beispiel Zeugnisse, liegen bei.

Sie sind aussagekräftig und individuell.
Das bedeutet zum einen, dass die Bewerbung über Ihre Person, Ihre Motivation und Ihr fachliches Können informiert. Zum anderen, dass Sie Ihre Unterlagen, vor allen Dingen natürlich das Anschreiben, ganz individuell auf das Unternehmen und die Position zuschneiden.

Sie sind ordentlich.
Keine Knicke, keine kleinen Löcher, wo jemand eine Heftklammer entfernt hat, keine Büroklammer-Spuren im Foto, vor allen Dingen natürlich keine Flecken (dazu gehört auch verwischte Drucktinte). Bitte auch keine fliegenden Blätter!

Sie sind lesefreundlich.
Alle Anlagen sind sinnvoll sortiert, die Daten in Ihrem Lebenslauf sind schlüssig und übersichtlich dargestellt. Der Personalentscheider soll in kurzer Zeit alles Relevante über Sie erfahren. Das ist ganz in Ihrem Sinn!

Hier eine Übersicht dessen, was eine komplette Bewerbungsmappe enthält:

- eine geeignete und ansprechende „Hülle“, sprich Mappe
- wenn Sie möchten: ein Deckblatt
- ein individuelles Anschreiben
- einen übersichtlich strukturierten und aussagekräftigen Lebenslauf
- unter Umständen ein Tätigkeitsprofil
- ein gutes, vorteilhaftes Foto
- als Anlagen: Zeugnisse, gegebenenfalls Zertifikate

Wussten Sie, dass der größte Fehler bei Bewerbungsunterlagen der ist, dass sie zu uniform wirken? Damit sind nicht die üblichen Standards zu Inhalt und Struktur gemeint, denn diese ergeben durchaus Sinn: Es erleichtert den Bewerbungsprozess, wenn man weiß, welche Informationen man in der Bewerbung idealerweise vorfindet. Auch der Vergleich von Bewerbern und die Auswahl fällt dadurch leichter.

Mit „uniform" ist gemeint, dass sich die Unterlagen viel zu ähnlich sehen: Das beginnt bei der Wahl der Mappe (die meisten Bewerbungsmappen sind dunkelblau, schwarz, grau oder weiß). Vor allen Dingen aber ist das Anschreiben – mit das Wichtigste an einer Bewerbung – häufig zu allgemein verfasst, es klingt künstlich und verrät fast nichts über den Bewerber und seine Motivation.

Ihre Chancen auf eine Einladung können Sie sofort steigern, indem Sie aus diesem Einerlei ausbrechen und positiv aus dem Bewerbungsstapel hervorstechen.

Die Wahl der Mappe

Es gibt eine sehr große Auswahl an Bewerbungsmappen: Farbenvielfalt, verschiedene Materialien, unterschiedliche Ausführungen. Und auch die Preise unterscheiden sich gewaltig: Sie reichen von 1 Euro bis über 15 Euro pro Mappe!

Der Preis sollte übrigens nicht alleine entscheidend sein. Sich zu bewerben ist nicht billig. Sie sollten aber auch nicht an der falschen Stelle sparen. Die Investition in einwandfreie Unterlagen mit guter Qualität – von der Mappe über das Papier und makellose Kopien bis hin zum professionellen Bild – lohnt sich. Im Umkehrschluss soll das jedoch nicht heißen, dass das Teuerste automatisch das Beste ist.

TIPP

Die Kosten für Ihre Bewerbungen können Sie übrigens bei Ihrer Steuererklärung als Werbungskosten geltend machen. Also heben Sie sich entsprechende Quittungen gut auf.

Wie bereits erwähnt, hat auch die Art der Mappe eine Wirkung, die sich auf Sie überträgt. Das heißt natürlich nicht, dass jeder Personaler Ihre Mappe und deren Farbe analysiert – doch einen Eindruck hinterlässt beides eben doch.

Ein Beispiel: Eine Bewerberin hat ihre Unterlagen in einem schlichten, eleganten Layout erstellt und sich für ein Deckblatt entschieden: Ihr Schwarz-Weiß-Foto kommt durch die transparente Mappe gut zur Geltung. Leider ist der Klipp der Mappe weiß. Die Gesamtwirkung: elegant, aber langweilig. Dieselbe Mappe in Rot sorgt für einen ganz anderen Eindruck: Durch den Farbtupfer wirkt die Bewerbung immer noch elegant, aber jetzt plötzlich pfiffig und lebendig.

TIPP

Probieren Sie es aus! Drucken Sie die erste Seite Ihrer Bewerbung mehrmals aus und nehmen Sie diese zum Mappenkauf mit. Legen Sie Ihr Deckblatt probeweise in verschiedene Mappen. Jetzt können Sie direkt vergleichen, wie sich die Wirkung verändert.

Abgesehen von der Farbe sollten Sie sich bei der Auswahl der Mappe auch vorher fragen:

- Möchte ich eine Mappe mit transparenter Vorderfront?
- Wie umfangreich ist meine Bewerbung?
- Welche Größe brauche ich (bzw. welche Kuverts muss ich eventuell dazukaufen)?
- Welches Material möchte ich (Karton, Kunststoff)?

Wir sehen immer wieder Bewerbungen, die einfach aus losen Blättern bestehen: mit einer Büroklammer zusammengehalten, in ein A4-Kuvert gesteckt, manchmal unschön gefaltet, damit sie in ein DIN-lang-Kuvert passen. Tun Sie das bitte nicht! Es macht einen unschönen und nachlässigen Eindruck. Denken Sie auch daran, dass Ihre verknickte Loseblatt-Bewerbung im Wettbewerb mit aufgeräumten und ansprechenden Mappen steht. Es wäre doch schade, sich bereits hier erste Chancen zu vergeben.

Natürlich werden Sie bei fachlicher Qualifikation, gerade in Unternehmen, wo man händeringend nach Leuten sucht, trotz einer unvorteilhaften Präsentation eingeladen. Wenn es jedoch genug Bewerber gibt, fällt man bereits durch nachlässig erscheinende Präsentation durchs Raster. Es lohnt sich, Energie und Arbeit in optimale Unterlagen zu stecken, denn Sie werden damit

- schneller Erfolg haben und
- einen hervorragenden persönlichen Eindruck hinterlassen.

Alleine dadurch können Sie schon sehr viel an sonstigen Mankos wettmachen, was die erste Auswahl betrifft. Denken Sie daran: Die schriftliche Bewerbung selbst verschafft Ihnen zwar noch keinen Job. Aber eine Einladung zum Gespräch.

Mappen selbst machen
Sie können sich Ihre Mappe auch selbst machen. In jedem gut sortierten Schreibwarengeschäft erhalten Sie Karton (120 g ist eine gute Stärke) in unterschiedlichen Farben. Sie können die Titelseite individuell bedrucken. Es empfiehlt sich, für die Vorderseite eine hellere Farbe zu nehmen, die Rückseite sieht schwarz sehr gut aus.
Dazwischen kommen dann Ihre Unterlagen. Zusammengehalten wird das Ganze entweder durch eine Klemmschiene, die es ebenfalls in unterschiedlichen Farben im Schreibwarenhandel

gibt. Empfehlenswerter, weil besser aufzuklappen, ist eine Spiralbindung (Copyshop). Investieren Sie in eine Metallbindung! Sie sieht wertiger aus als die Plastikvariante.

Deckblatt – oder nicht?

Ob Sie sich für oder gegen ein Deckblatt entscheiden, ist ganz alleine Ihre Sache. Es muss nicht sein, ist aber ein schönes Extra und ein sauberer Einstieg in die Bewerbungsunterlagen. Idealerweise enthält es:

- Informationen darüber, für welche Position Sie sich bewerben
- Ihr Foto
- Ihre Kontaktdaten

Nicht jeder fühlt sich bei dem Gedanken wohl, sein Foto vorne auf einer Bewerbung prangen zu sehen. Alternativ können Sie das Deckblatt auch nur beschriften – und Ihr Foto auf dem Lebenslauf anbringen (siehe Seite 144). Auch vom Layout her sind Sie völlig frei. Auf den folgenden Seiten finden Sie zwei Beispiele.

Was Sie auf jeden Fall tun sollten – und das ersehen Sie aus den Beispielen bereits: Individualisieren Sie das Deckblatt. Ihre gesamte Bewerbung wirkt gleich viel individueller, wenn Sie das Unternehmen und die angestrebte Position mit auf das Deckblatt setzen, anstatt nur „Bewerbung“ hinzuschreiben. Zum Foto lesen Sie bitte die ausführlichen Tipps ab Seite 148, denn bei weitem nicht jedes Foto hat auch Titelqualität …

TIPP

Nehmen Sie für das Deckblatt ein festeres Papier. Dann scheint die nächste Seite nicht durch.

Bewerbung
als
Trainerin/Coach

bei
objektiv. Management & Lebensqualität

Sabine Medla
Kreuzwiesen 10
80805 München
Telefon: (0 89) 40 90 69 61
E-Mail: sabine.medla@gmx.de

Bewerbung

als
Trainerin/Coach

bei
objektiv.
Management & Lebensqualität

Sabine Medla
Kreuzwiesen 10
80805 München
Tel. (0 89) 40 90 69 61
E-Mail: sabine.medla@gmx.de

Das Anschreiben

Jetzt kommen wir zum Herzstück Ihrer Bewerbung: dem Anschreiben. Das ist das Erste, was der Personalentscheider von Ihnen liest, und es entscheidet sofort darüber, ob man auf Sie neugierig wird oder nicht.

Leider sind die meisten Anschreiben sehr gestelzt und unnatürlich. Und häufig nichtssagend. Das liegt daran, dass man in der Schule und über die Medien allzuoft einen derartigen, formelhaften Stil vermittelt bekommt.

Das „typische“ Anschreiben sieht so aus:

Sehr geehrte Damen und Herren,

Ihre Anzeige in der Süddeutschen Zeitung hat mich angesprochen. Hiermit bewerbe ich mich auf die Stelle als xy.

Durch mein Germanistik-Studium konnte ich mir ein umfassendes Wissen der deutschen Sprache aneignen.
Während eines Praktikums bei der Firma XYZ oblag mir die gesamte Korrespondenz.
Außerdem bin ich teamfähig, kommunikativ und flexibel.

Ich freue mich, wenn ich Ihr Interesse geweckt habe, und würde mich freuen, wenn Sie mich zu einem persönlichen Gespräch einladen.

Mit freundlichen Grüßen

Dieses Anschreiben, das heute weit verbreitet ist, vergibt sehr viele Chancen. Es ist

- nicht auf das Unternehmen/die Position individuell abgestimmt,
- nicht besonders aussagekräftig, was den Bewerber und seine Motivation angeht,
- oberflächlich, sowohl von der Formulierung als auch vom Inhalt her, und
- häufig unnatürlich formuliert.

Ein gutes Anschreiben ist das genaue Gegenteil davon. Es ist interessant, informativ und macht den Personalentscheider neugierig darauf, den Verfasser kennen zu lernen. Deshalb:

TIPP

Gehen Sie auf die Stellenausschreibung ein.
Verraten Sie etwas über die eigene Person – und über die Gründe, warum Sie sich gerade für diese Position/bei diesem Unternehmen bewerben.
Kratzen Sie nicht nur an der Oberfläche und vermeiden Sie es, Allgemeinplätze von sich zu geben.
Schreiben Sie so, wie Sie auch sprechen würden.

Das bedeutet natürlich mehr Arbeit und Energie! Denn Sie können nicht einfach immer wieder eine Vorlage im Computer bemühen und nur einen neuen Firmennamen einsetzen.

Zerlegen wir das Anschreiben mal in seine Bestandteile. Sie werden staunen, was es alles zu den einzelnen Punkten zu sagen gibt, sowohl zum Inhalt als auch zur Form.

Papier

Das übliche 80-Gramm-Papier ist in Ordnung. Noch besser wirkt ein etwas festeres Papier (90 g oder 100 g). Der Unterschied fällt positiv auf. Weiterer Vorteil: Die folgende Seite scheint nicht durch.

Am besten fassen Sie das Papier vor dem Kauf an und testen, wie es sich anfühlt. Es gibt Papiersorten, die tatsächlich unangenehm beim Anfassen sind. Achten Sie außerdem darauf, dass die Art des Papiers für Ihren Drucker geeignet ist. Sonst kann es Ihnen passieren, dass Sie ein wunderschönes Papier gekauft haben, auf dem aber die Tinte Ihres Druckers verläuft.

Manchmal werden wir gefragt, ob man auch farbiges Papier nehmen kann. Wenn Sie möchten, ja, dann aber sehr dezent: Wählen Sie eine sehr helle Farbe, damit der Hintergrund nicht die Lesbarkeit erschwert oder vom Inhalt ablenkt. Nicht raten können wir zu Papier mit Farbverlauf, das heißt, dass die eine Seite weiß ist und die Farbe zur anderen Seite hin immer dunkler wird. Der Hintergrund ist zu dominant, und derlei Papier wirkt zudem oft sehr billig. Ein dezenter Beige- oder Grauton kann dagegen durchaus edel wirken.

Form & Umfang

Farbe

Dürfen Sie Farbe beim Anschreiben verwenden? Ja, wenn Sie sparsam damit umgehen. Also eine Überschrift oder ein gestalterisches Element, zum Beispiel Ihren Briefkopf (siehe Seite 110), farbig darstellen. Entscheiden Sie sich für eine Farbe, die Ihre Optik sowie den Inhalt unterstützt und angenehm zu lesen ist.

Schrift
Für die verwendete Schrift gilt: Sie muss gut lesbar sein, am besten 11 oder 12 Punkt groß. Vermeiden Sie verspielte Schriften, wie Schnörkel- oder Schreibschriften. Ansonsten sind Sie in der Auswahl völlig frei. Drucken Sie Ihr Anschreiben ruhig einmal in zwei verschiedenen Schriften aus, zum Beispiel TimesNewRoman und Arial, und erleben Sie, wie unterschiedlich die Wirkung ist.

TIPP

Wenn Sie ein Wort hervorheben wollen, entscheiden Sie sich entweder für fett, kursiv oder unterstrichen. Kombinieren Sie diese drei Stilmittel nicht, weil es nicht nötig ist und häufig die Lesbarkeit erschwert. Schreiben Sie niemals nur in Großbuchstaben. Das stört und ist schwer zu lesen.

Länge
Es schwirrt immer wieder die „Regel" herum, dass ein Anschreiben nur eine Seite lang sein darf. Dazu ist zu sagen: In der Regel reicht eine Seite vollkommen aus, wenn Sie sich auf relevante Informationen konzentrieren und knackig formulieren. Wenn Sie allerdings von der Gestaltung und von Ihrem Inhalt her tatsächlich so viel Relevantes (und zwar aus Sicht des Empfängers!) zu sagen haben, dass Ihnen eine Seite nicht reicht, dann nehmen Sie bitte lieber eine zweite Seite dazu, bevor Sie viel zu viel Text auf eine Seite quetschen.

Gerade wenn Sie, wie in diesem Fall, noch nicht viel an praktischer Berufserfahrung haben, kommen Sie mit einer Seite wunderbar aus. Das sehen Sie auch gleich an unseren Beispielen.

Layout
Ein häufiger Fehler betrifft unschönes Layout. Das heißt, dass der Text nicht schön auf der Seite platziert ist – oder zu viel Text auf eine Seite gequetscht wird. Lassen Sie genügend Zwischenräume und machen Sie Absätze in Ihren Text. Schreiben Sie einzeilig.

Blocksatz ist nicht empfehlenswert, weil er zum einen schwerer lesbar ist. Zum anderen entstehen durch die erzwungenen Zeilenlängen häufig sehr unschöne, zu große Zwischenräume.

Der Absender

Bitte geben Sie im Absender Ihre vollständigen Kontaktdaten an – inklusive E-Mail-Adresse, wenn Sie eine haben. Details rund um das Internet finden Sie auch im Kapitel „Die Online-Bewerbung" (ab Seite 167).

TIPP

Wenn Sie eine E-Mail-Adresse angeben, ist es wichtig, Ihr Postfach täglich zu checken! Wer keinen eigenen Computer hat, kann dies auch über Bekannte oder im Internetcafé machen: einfach einen so genannten Freemail Account holen (Web-Adressen im Anhang).

Vermutlich schreiben Sie Ihre Bewerbung am Computer. Dann erstellen Sie am besten einen kleinen Briefkopf, der Ihr Anschreiben ansprechender macht und zeigt, dass Sie mit dem Textverarbeitungsprogramm auch umgehen können.

Früher, mit der Schreibmaschine, hatte man keine Wahl und musste die Absenderdaten untereinander oder nebeneinander schreiben. Üblich waren folgende Varianten:

Gitte Härter
St.-Cajetan-Straße 10
81669 München
Tel. (0 89) 40 90 69 61

und

Gitte Härter	St.-Cajetan-Straße 10 81669 München Tel. (0 89) 40 90 69 61

Diese Zeiten sind vorbei. Es ist ein Leichtes, sich einen einfachen Briefkopf zu erstellen, der die gesamte Optik Ihres Anschreibens verbessert. Zum Beispiel so:

Gitte Härter

St.-Cajetan-Straße 10 · 81669 München
Tel. (0 89) 40 90 69 61

Ein Vorteil ist außerdem, dass Sie Platz sparen und damit mehr Raum für Ihre Inhalte bekommen. Wie Ihr Briefkopf schließlich aussieht, bleibt Ihnen überlassen. Bleiben Sie aber auf jeden Fall dezent! Nicht zu empfehlen ist es beispielsweise, sich als Bewerber irgendein Logo zuzulegen.

Telefonnummern werden nach DIN 5008, die Empfehlungen für die Gestaltung von beruflichem Schriftverkehr gibt, mittlerweile ohne Klammern, Schrägstriche oder Leerzeichen geschrieben, also 089 40906961. Wir bevorzugen die frühere Variante, nach der Telefonnummern zweistellig von hinten her durch Leerzeichen getrennt werden, weil es übersichtlicher ist.

TIPP

Sofern Sie sich für eine Position bewerben, bei der das Beherrschen der aktuellen DIN 5008 wichtig ist, können Sie diese in Form einer Broschüre im Buchhandel beziehen (Beuth Verlag).

Der Empfänger

Eine Bewerbung sollte immer personalisiert, also nicht allgemein an „Geschäftsführung“ oder „Personalabteilung“ gerichtet sein. In Stellenausschreibungen ist in der Regel ein Ansprechpartner genannt – meist mit Vornamen. Sofern Sie sich initiativ bewerben, können Sie sich auf der Website des Unternehmens schlau machen, wer für Personal zuständig ist. Werden Sie nicht fündig, dann lohnt sich ein Anruf bei der Firma: Bereits die Telefonzentrale hilft Ihnen sicher gerne weiter und kann Ihnen die Ansprechperson nennen.

TIPP

Lassen Sie sich Vor- und Zunamen geben und am besten buchstabieren. Es wäre schade, wenn Sie den Namen falsch schreiben – das kommt nicht gut an.

Häufige Fehler bei der Empfänger-Anschrift:

- z. Hd. oder z. H. („zu Händen“): Das ist längst veraltet, auch wenn man es immer wieder auch in Stellenanzeigen sieht.
- keine Anrede: Das ist unhöflich!
- Der Name ist unvollständig, zum Beispiel ohne Vorname, oder falsch geschrieben.

Achten Sie beim Firmennamen auch darauf, diesen so zu schreiben, wie es das Unternehmen selbst tut. In unserem Beispiel schreibt sich das Unternehmen in Kleinbuchstaben mit einem Punkt:

objektiv. Management & Lebensqualität
Frau Christine Öttl
St.-Cajetan-Straße 10

81669 München

Sehr schön wirkt es auch, wenn Sie den Empfängernamen fett drucken. Das sieht nicht nur gut aus, sondern nimmt auch den Empfänger wichtig und erleichtert der Poststelle des Empfängers das Sortieren (Sie sehen, alles Kleinigkeiten, die zum Teil zwar nicht bewusst wahrgenommen werden, aber doch ihr Gutes haben):

objektiv. Management & Lebensqualität
Frau Christine Öttl
St.-Cajetan-Straße 10

81669 München

Das Datum

Das Datum wird rechtsbündig geschrieben.
Häufiger Fehler: Ort, den ...

Das „den" im Datum ist ebenfalls veraltet und seit langem abgeschafft. Auch den Ort brauchen Sie als Privatperson nicht zu erwähnen, weil er aus dem Absender hervorgeht. Sinn macht die Ortsangabe nur bei Unternehmen, die auf dem Briefbogen mehrere Standorte angegeben haben, sodass der Empfänger nicht ohne weiteres erkennen kann, woher der Brief kommt.

Der Betreff

Aus dem Betreff soll der Empfänger sofort erkennen können, worum es in dem Brief geht.
Häufiger Fehler: nicht aussagekräftig

Im Betreff nur „Bewerbung“ zu schreiben ist nicht besonders aussagekräftig. Es sollte aus dem Betreff hervorgehen, für welche Position Sie sich bewerben und gegebenenfalls wie Sie darauf aufmerksam geworden sind:

Bewerbung als Sales Manager
Ihre Anzeige in der FAZ vom 15./16. Januar 2005

Der Betreff kann fett gedruckt werden – das sieht nicht nur besser aus, sondern er springt dadurch auch gleich ins Auge.

Manchmal weiß man nicht, für welche Stelle man sich bewerben soll: Entweder weil man gesehen hat, dass ein Unternehmen mehrere Positionen zu besetzen hat, für die man sich interessiert. Oder aber, weil es sich um eine Initiativbewerbung handelt.

Formulieren Sie konkret, für welche Positionen Sie sich interessieren. Wenn Sie keine genaue Positionsbezeichnung nennen können, dann bezeichnen Sie die Abteilung oder das Fachgebiet. Fatal sind zu allgemeine Formulierungen, à la „Ich suche irgendeine Arbeit in Ihrem Unternehmen“ (diese Formulierung ist übrigens nicht erfunden, sondern stammt aus der Praxis!), oder auch ein Zusammenwürfeln mehrerer völlig unterschiedlicher Bereiche: „Bewerbung für das Controlling oder Marketing oder den Vertrieb“.

Die Anrede

Mit dem gängigen „Sehr geehrte Frau/Sehr geehrter Herr“ können Sie nichts falsch machen. Selbst wenn niemand im persönlichen Gespräch „geehrte/r Frau/Herr“ sagen würde, hat es in der geschäftlichen Korrespondenz nach wie vor seinen festen Platz.

Bitte verwenden Sie immer den Namen des Ansprechpartners, wenn Sie ihn kennen. Wir sehen oft Bewerbungen, die an „Sehr geehrte Damen und Herren“ gerichtet sind, obwohl ein direkter Ansprechpartner in der Ausschreibung steht oder manchmal sogar in der Empfängeradresse richtig genannt ist. Sie können aber natürlich auch eine modernere Variante wählen. Eventuell sogar kombiniert. Zum Beispiel:

- Hallo, sehr geehrter Herr Meier,
- Guten Tag Frau Huber,

Wenn Sie keinen Namen haben, können Sie schreiben:

- Sehr geehrte Damen und Herren,
- oder direkt einen Gruß: Guten Tag,

Nach der Anrede kommt übrigens ein Komma, und der Text danach geht klein weiter. Ein Ausrufezeichen und Satzbeginn mit Großbuchstaben sind veraltet.

Der Bewerbungstext

Aus dem Bewerbungstext sollte hervorgehen, warum Sie sich bewerben und warum Sie ein geeigneter Kandidat für die Stelle sind. Versetzen Sie sich in den Empfänger und fragen Sie sich:

- Was für eine Person wird für diese Stelle gesucht?
  Idealerweise verrät Ihnen das Unternehmen in der Stellenausschreibung, was man mitbringen sollte. Doch auch wenn dort nur wenige konkrete Anhaltspunkte genannt sind, können Sie Rückschlüsse ziehen, indem Sie sich das Berufsbild vor Augen halten und sich näher über die Firma informieren.

- Was möchte ein Personalentscheider am liebsten im Vorfeld von mir erfahren?
  Auch das kann man konkretisieren: Welche Motivation hat der Bewerber dafür, sich auf diese Position/bei unserem Unternehmen zu bewerben? Inwiefern ist er fachlich qualifiziert/was bringt er an Fähigkeiten und Erfahrungen mit? Was für eine Persönlichkeit bewirbt sich: Wie ist der Mensch „hinter der Bewerbung"?

Bitte „sprechen" Sie im Anschreiben ganz normal: Formulieren Sie normale Sätze und kommen Sie auf den Punkt. Schreiben Sie am besten erst einmal alles auf, was Ihnen einfällt. Das Feilen geht besser, wenn Sie einen ersten Entwurf vor sich haben. Mit dem Anspruch, auf Anhieb hundertprozentige Formulierungen zu finden, blockiert man sich hingegen schnell.

TIPP

Lesen Sie sich Ihren Text laut vor, denn so merken Sie gleich, ob Sie sich gestelzt und unnatürlich ausdrücken oder ob Sie zu lange Schachtelsätze machen.

Der Einstieg

Viele Bewerber tun sich mit dem ersten Satz besonders schwer. Dieser steht an der prominentesten Stelle des ganzen Anschreibens und entscheidet maßgeblich darüber, wie interessiert der Personalentscheider Ihren Brief und die gesamte Bewerbung betrachten wird. Häufig wird dieser prominente Platz vergeudet, indem man das Offensichtliche schreibt: „Weil mich die Stelle interessiert, bewerbe ich mich hiermit …"

Das brauchen Sie dem Personalentscheider nicht zu sagen: Das sieht er schließlich selbst. Er hält Ihre Bewerbung ja bereits in der Hand. Und dass Sie sich für die Stelle interessieren, wollen wir hoffen. Geschickter ist es, einen Einstieg zu wählen, der dem Empfänger signalisiert, dass man

- sich Gedanken macht, was die Firma braucht,
- auf die Ausschreibung/das Unternehmen individuell eingeht
- und etwas über sich selbst erzählt.

Dadurch erreicht man, dass der Personalentscheider im Geiste „ja" sagt und neugierig weiterliest. Ein Beispiel:

> Sehr geehrter Herr Meier,
>
> Sie suchen einen engagierten, zuverlässigen Techniker, der Erfahrung in der Entwicklung von medizinischen Geräten mitbringt.

Auf diese Weise haben Sie einen starken Einstieg: Herr Meier wird nicken, weil er so eine Person tatsächlich sucht. Und Sie signalisieren dadurch, dass Sie dieser Mensch sind. Daran knüpfen Sie direkt an und leiten dazu über, warum Sie das von sich behaupten.

Vermeiden Sie unlogische Zusammenhänge und die Aneinanderreihung von Sätzen, die nichts miteinander zu tun haben. Beispiel: „Durch mein Studium an der FH Ravensburg konnte ich meine Zuverlässigkeit unter Beweis stellen." Bitte? Was soll das denn für ein Rückschluss sein?

TIPP

Gehen Sie immer auf Fragen des Unternehmens ein, etwa wenn in der Stellenausschreibung Angaben zu Gehaltswünschen oder zum Einstellungstermin gefragt sind.

Wenn Sie Ihre Gehaltsvorstellung lieber persönlich besprechen möchten, schreiben Sie das hin. Ignorieren Sie niemals eine Frage! Denn das weist entweder darauf hin, dass Sie nicht sorgfältig genug gelesen und die Fragen möglicherweise übersehen haben. Oder aber Sie gehen absichtlich nicht darauf ein, was den Personalentscheider verärgern wird. Weitere Details zu den Inhalten eines guten Anschreibens ab Seite 119.

Der Gruß

Üblich ist „Mit freundlichen Grüßen". Damit machen Sie nie etwas falsch. Sie können aber auch hier eine modernere und persönlicher wirkende Variante wählen, zum Beispiel:

Mit freundlichen Grüßen
aus München

Oder:

Freundliche Grüße
nach Köln

Oder natürlich:

Viele Grüße
und ein schönes Wochenende

Veraltet ist es, den letzten Satz mit dem Gruß zu verbinden, à la „Ich freue mich auf Ihre Nachricht und verbleibe mit freundlichen Grüßen".

Häufig passiert der Fehler, dass der Gruß unabsichtlich unterkühlt ist. Tabu und zum Glück so gut wie ausgestorben ist das „Hochachtungsvoll". Aber auch, wenn Sie sich auf einen einzigen „Mit freundlichem Gruß" beschränken, wirkt das etwas distanziert.

Die Unterschrift

Unter den Gruß kommt handschriftlich Ihre Unterschrift: bitte mit Vor- und Nachnamen. Häufig passiert der Fehler, dass der Name zusätzlich zur Unterschrift getippt wird. Das brauchen Sie als Privatperson nicht zu machen, denn aus dem Absender geht eindeutig hervor, wer den Brief geschrieben hat. Lediglich im Geschäftsleben macht das Sinn, da aus dem Briefbogen nur die Firma hervorgeht, nicht aber der Verfasser.

Vorsicht: Rechtschreibfehler!
Schlimm ist es, wenn Ihre Bewerbung vor Schreibfehlern nur so strotzt. Ein Tippfehler kann zwar jedem mal passieren, aber auch diesen sollten Sie bemerken, wenn Sie das Anschreiben vor dem Versand noch einmal aufmerksam durchlesen.

Wer weiß, dass Rechtschreibung nicht zu seinen Stärken gehört, sollte seine Bewerbung auf jeden Fall Korrektur lesen lassen. Und zwar von jemandem, der das auch kann!

Stichwort „neue Rechtschreibung“: Nach siebenjähriger Übergangszeit wird die reformierte Rechtschreibung – zumindest für Schulen und Behörden – ab Sommer 2005 verbindlich. Von daher ist es wichtig, sich mit den neuen Regeln vertraut zu machen und sich nicht auf Halbwissen zu verlassen. Ob Sie nun nach der neuen oder nach der alten Regelung schreiben: Tun Sie es richtig – und konsequent.

Bitte, bitte, bitte: Schreiben Sie NIEMALS Musteranschreiben, die Sie in Ratgebern sehen, eins zu eins ab. Für eine optimale, individuelle Bewerbung gibt es keine Muster, lediglich Anregungen. Dementsprechend kaufen Sie sich bitte auch keinen „Anschreiben-Generator“, wie ihn manche Bewerbungssoftware anbietet.

Auf den Folgeseiten finden Sie zwei kommentierte Muster, anhand deren Sie nachvollziehen können, was Sache ist, und Ihr eigenes „perfektes“ Bewerbungsschreiben verfassen können. Bevor Sie umblättern, versprechen Sie bitte hoch und heilig, dass Sie nicht einfach davon abschreiben!

Unsere Beispielbewerbung bezieht sich auf eine Anzeige, mit der zahlreiche Mitarbeiter für eine neu eröffnete Fertigungsstätte gesucht werden. Bei derlei Stellenausschreibungen kann man es sich als Bewerber auf den ersten Blick einfach machen und denken, „die brauchen eh so viele neue Leute für diesen Standort“ – und damit in Versuchung geraten, sich nicht mehr individuell auf die Position einzustellen. Das wäre ein Fehler, zumal sich gerade in so einem Fall weitere wichtige Perspektiven eröffnen.

Zunächst das Negativ-Beispiel

Martin Meier
Rhabarberweg 3
80805 München
Tel. 089/36107847
E-Mail: onkel_schnitzel@yahoo.de

Gronbach Elektronik GmbH
Mauerstr. 1

85356 Freising

München, den 02. Januar 2005

Bewerbung Techniker

Sehr geehrte Damen und Herren,

ich habe Ihre Anzeige in der SZ gesehen und bewerbe mich hiermit um die Stelle als Techniker.

Ich habe an der FH Ravensburg-Weingarten Elektronik mit dem Schwerpunkt Nachrichtentechnik studiert. In der Firma, bei der ich Praktikum gemacht habe, wurde mir eine gute Stelle angeboten. Deshalb habe ich mein Studium nicht fertig gemacht.

Selbständiges Arbeiten bin ich gewohnt, wobei mir die Arbeit im Team aber sehr wichtig ist.

Hoffentlich habe ich Ihr Interesse geweckt. Über die Einladung zu einem persönlichen Gespräch würde ich mich sehr freuen.

Mit freundlichen Grüßen

Martin Meier

Sehen wir uns dieses Anschreiben einmal näher an: So wie dieser Brief von Martin Meier sehen Bewerbungsschreiben häufig aus. Was ist gut an Form und Inhalt – und was ist weniger gut?

Allgemeiner erster Eindruck
Der Brief ist optisch nicht besonders schön gestaltet: Ein einfacher Briefkopf gäbe dem Ganzen mehr Gesicht. Der Text könnte ansprechender auf der Seite platziert werden, gerade in dem Bereich Empfänger/Datum/Betreff könnte er mehr Luft vertragen. Dadurch und durch optische Hervorhebung, zum Beispiel Fettdruck des Betreffs, könnte man das Layout abwechslungsreicher gestalten und verbessern.

Absender
Gut ist, dass alle Kontaktdaten angegeben sind. Die offensichtlich private E-Mail-Adresse ist nicht angebracht: Oder würden Sie einen potenziellen Mitarbeiter ernst nehmen, der sich Ihnen mit „Onkel Schnitzel" vorstellt? In diesem Fall sollte sich Herr Meier eine seriöse E-Mail-Adresse für Bewerbungen zulegen.

Empfänger
Aus der Anzeige geht der vollständige Name der Ansprechperson hervor. Das sollte der Bewerber in seinem Anschreiben auf jeden Fall berücksichtigen und den Namen komplett (mit Anrede und Vornamen) angeben. Kein Muss, aber optisch sehr ansprechend und zweckmäßig ist es, den Ansprechpartner fett zu drucken. Dass der Straßenname abgekürzt ist, ist unnötig: Die Abkürzung „Str." statt „Straße" erspart lediglich zwei Anschläge.

Datum
Die Ortsangabe und das „den" sind veraltet. Es genügt, das Datum anzugeben. Optisch besser wäre, das Datum ganz rechtsbündig zu drucken, anstatt es so halb in der Mitte der Zeile hängen zu lassen.

Betreff
Arger Telegrammstil. Besser wäre es, den Betreff aussagekräftiger und freundlicher zu gestalten, die Angaben der ersten Zeile mit hochzuziehen und, wie bereits erwähnt, alles hervorzuheben:

Bewerbung als Techniker
Ihre Anzeige in der SZ vom 16./17. Dezember

Anrede
Da die Ansprechperson in der Anzeige genannt ist, sollte sie auch direkt mit Namen angesprochen werden.

Inhalt
Der Bewerbungstext selbst ist nicht sehr informativ für den Empfänger: Der Einstieg sagt, was offensichtlich ist – dass sich die Person bewirbt. Gut sind die Informationen über das Studium, weil sofort klar ist, dass Fachwissen vorhanden ist. Der Hinweis auf das abgebrochene Studium ist in Ordnung, der Grund dafür aber nicht besonders geschickt formuliert. Danach wird es oberflächlich. In diesem Zusammenhang wirkt es fast absurd zu schreiben, dass hoffentlich Interesse geweckt wurde. Denn der Bewerber hat ja kaum etwas über sich gesagt, auf keinen Fall aber irgendetwas besonders Interessantes.

Fazit: Das Anschreiben ist wenig aussagekräftig. Ob der Bewerber mit einer Einladung rechnen kann, hängt davon ab, wie der Rest der Bewerbung aussieht und wie sich die Mitbewerber präsentieren. In diesem Fall, da so viele neue Mitarbeiter gesucht werden, sind die Chancen sicherlich größer, als wenn nur eine einzige Stelle zu besetzen ist. Der Bewerber könnte hier viel mehr Chancen wahrnehmen – den Personalentscheider nicht nur neugierig auf sich machen, sondern ihm auch Zeit sparen und die Wahrscheinlichkeit einer Einladung steigern. Sehen wir uns nun an, wie die Alternative aussehen könnte:

Martin Meier

Rhabarberweg 3 - 80805 München
Tel. (0 89) 36 10 78 47 – E-Mail: m.meier@yahoo.de

Gronbach Elektronik GmbH
Frau Sabine Klein
Mauerstraße 1

85356 Freising

02. Januar 2005

Bewerbung als Techniker
Ihre Anzeige in der Süddeutschen Zeitung vom 16./17. Dezember

Sehr geehrte Frau Klein,

Sie suchen engagierte neue Mitarbeiter, die fachlich top sind. Gerne würde ich Ihr Team in Freising verstärken, insbesondere weil Ihre neue Fertigungsstätte sich auf den Telekommunikationsmarkt konzentriert.

Ich habe an der FH Ravensburg-Weingarten Elektronik mit dem Schwerpunkt Nachrichtentechnik studiert. In dem Telekommunikationsunternehmen, bei dem ich Praktikum gemacht habe, wurde mir noch während meines Studiums eine Festanstellung in der Entwicklung angeboten. Ich habe mich nach gründlicher Überlegung für die Praxis entschieden und bin seit zwei Jahren maßgeblich an der Entwicklung der Audiosignalverarbeitung von Mobiltelefonen beteiligt.

Ihre Anzeige hat mich nicht nur angesprochen, weil ich von der Qualität Ihrer Produkte überzeugt bin, sondern vor allen Dingen auch, weil Sie einen kompletten Bereich neu aufbauen. Dies, verbunden mit Ihrer Betonung von Karriereförderung und Teamkultur, spricht mich sehr an, weil es zeigt, dass Ihnen Ihre Mitarbeiter wichtig sind. Ich leiste gerne viel, werde gerne gefordert – möchte mich aber auch aktiv weiterentwickeln.

Ich freue mich auf Ihre Nachricht und ein persönliches Gespräch, um mehr über die Aufgaben und Möglichkeiten zu erfahren.

Mit freundlichen Grüßen

Martin Meier

Fazit: Sie sehen an der zweiten Variante, dass der Bewerber wesentlich mehr von sich preisgibt, durchaus aber auch seine eigenen Vorstellungen deutlich macht. Durch fachliche Details macht er außerdem auf sich neugierig. Den vermeintlichen Makel Studienabbruch erklärt er schlüssig und selbstbewusst. Und er geht auch gleich wieder auf das eigentliche Thema, Qualifikation und Bewerbung ein, ohne sich lange bei einer Begründung aufzuhalten. Achten Sie auf die Formulierungen: Alleine der Zusatz „nach gründlicher Überlegung“ macht viel aus.

In diesem Beispiel ist sich der Bewerber der Chancen sehr bewusst, die mit dem Neu-Aufbau eines gesamten Bereichs verbunden sind. Das gibt er unverblümt gleich im Anschreiben an: Er erkennt die Chancen und möchte sie auch wahrnehmen, um beruflich weiterzukommen. Schließlich sollte man hier auch daran denken, dass bei einigen Hundert freien Positionen die unterschiedlichsten Verantwortungsgrade und Aufgaben zu besetzen sind.

Checkliste

Das sollte aus Ihrem Bewerbungstext hervorgehen:

- Ein starker, aussagekräftiger Einstieg gleich nach der Anrede: Gehen Sie darauf ein, wen das Unternehmen sucht, und verraten Sie etwas über sich.
- Ihre Motivation: Warum bewerben Sie sich ausgerechnet auf diese Position/bei diesem Unternehmen? Was hat Sie besonders angesprochen? Was reizt Sie an der Aufgabe?
- Etwas über sich: Warum sind Sie qualifiziert – fachlich und persönlich? Wiederholen Sie nicht nur Ihren Lebenslauf, sondern wählen Sie einige gezielte, für den Empfänger relevante Auszüge daraus.
- Erzählen Sie dem Empfänger auch etwas darüber, was Ihnen wichtig im Beruf ist. Zum Beispiel: Welche Ziele haben Sie? Worauf möchten Sie in der Arbeit nicht verzichten (z. B. Teamarbeit). Begründen Sie auch, was Sie sagen.

Interview

Karl Trageiser, Geschäftsführer, GULP Information Services, München, www.gulp.de

Stellen Sie auch Studienabbrecher ein oder nur Leute mit abgeschlossenem Studium?

K. T.: Wir stellen auch Studienabbrecher ein oder Leute, die gar nicht studiert haben. Ein abgeschlossenes Studium heißt, dass

jemand vermutlich ein großes Projekt durchziehen kann (er hat es damit zumindest schon einmal bewiesen) und dass der Kandidat auch etwas zu Ende bringt. Der Umkehrschluss wäre negativ zu beurteilen.
Wenn der Kandidat zwar abgebrochen hat, aber anschließend eine Lehre oder Ähnliches durchgezogen hat (oder vorher schon mal eine Lehre oder Ähnliches absolviert hat), dann ist das auch schlüssig. Allerdings darf er dann kein Jobhopper sein! Keine Lehre oder abgebrochene Lehre, später Studienabbruch und dann noch ein Jobhopper: Dann ist es vorbei!

Welche persönlichen Eigenschaften sind Ihnen bei Bewerbern am wichtigsten?

K. T.: 1. Der Kandidat sollte von GULP und seinem Job begeistert sein, es als Chance sehen und sich mit der Firma identifizieren – dadurch wird er gute Ergebnisse wollen.
2. Er sollte energiegeladen sein, Power mitbringen, Dinge neu zu gestalten, und „Biss" haben. Das gilt tatsächlich für alle, von der Administration bis zum Vertrieb. Wir sind ja schließlich alle Pioniere.
3. Er sollte nett sein, damit er ins Team passt. Ich will keine Unruhe in der Mannschaft, damit das Wir-Gefühl bleibt.

Was sagen Sie zu „Bummelstudenten" (wenn jemand extrem lange studiert hat)?

K. T.: Wenn er in dieser Zeit seinen Lebensunterhalt verdient hat (was durch Zeugnisse belegbar ist), ist das o.k. – es imponiert mir sogar, da es schwerer ist, als alles von den Eltern finanziert zu bekommen. Hat der Kandidat dagegen weder gearbeitet noch studiert, dann zeigt das, dass er
1. sich keine großen Gedanken bezüglich Community macht (schließlich nimmt er einem anderen den Studienplatz weg, und finanzieren muss es die Gemeinschaft),

2. offensichtlich nicht an einen Punkt gekommen ist, wo er sagt: „So, jetzt reicht es mir, jetzt will ich es endlich zu Ende bringen, um mein Wissen umzusetzen und zu arbeiten und Geld zu verdienen." Ich denke, so ein Kandidat hat keinen besonderen Ehrgeiz. Die Frage ist: Wann geht Bummeln los? Das ist abhängig vom Schwierigkeitsgrad des Studiums und ob FH oder Uni. Ich selbst habe zwölf Semester an der FH gebraucht.

Wie beurteilen Sie es, wenn jemand ein Studium abgebrochen und ein anderes Fachgebiet gewählt hat?

K. T.: In jungen Jahren ist eine Umorientierung in Ordnung. Sie zeigt Entschlussfreude. Aber dann bitte nur einmal und wenn möglich nicht gegen Ende des Studiums! Also, Studium begonnen, nach zwei bis maximal vier Semestern ein anderes Studium angefangen und dieses durchgezogen – das ist o.k.

Wonach beurteilen Sie Bewerbungsmappen in erster Linie?

K. T.: 1. Die äußere Form der Mappe beeindruckt erst mal oder nicht. Es gibt da einfache billige Mappen (Schnellhefter) bis hin zur „echten" Bewerbungsmappe. Am besten ist eine „dreiseitige", links der Lebenslauf und Mitte und rechts die Zeugnisse. So kann man die Zeugnisse anschauen und gleichzeitig den Werdegang im Lebenslauf verfolgen.
2. Das Anschreiben ist das Wichtigste: Warum will der Kandidat bei GULP arbeiten? (Doch nicht, weil wir eine Anzeige geschaltet haben?) Was hat GULP davon? (Nicht: Ich bin, ich kann …) Ist es ein Massenmailer (Bezug auf die Anforderungen von GULP nehmen)? Ist ein roter Faden erkennbar? Begeistert das Anschreiben, oder ist es lustlos formuliert? Bauscht er auf mit langen, komplizierten und geschwollenen Texten (darauf gehe ich in jedem Gespräch ein) und macht sich damit wichtig? Stimmt die Länge, oder klaut mir der Kandidat Zeit? (Bitte nicht mehr als eine 3/4 Seite.)

3. Ein gutes Farbfoto vom Fotografen mit einem sympathischen Menschen drauf ist auch wichtig.
4. Der Lebenslauf sollte genaue Datumsangaben enthalten (nicht 1994–1995, sondern 01.01.1994 bis 31.12.1995), sodass ich auf der Suche nach Lücken nicht alle Daten vergleichen muss. Am besten: begründen, warum man jeweils ausgeschieden ist (wir fragen das eh ab).
5. Nice to have: eine halbe Seite „Was Sie sonst noch über mich wissen sollten", ist irgendwie sympathisch.
6. Die Zeugnisse: Ich lese fast nur Arbeitszeugnisse. Alle anderen (Ausbildung, Uni, Praktika) einfach hinten rein, sodass ich nicht so viel suchen muss.
7. Fazit: Ich möchte mir für die erste Sichtung maximal zehn Minuten nehmen. Kurz, genau und ehrlich ist besser als viel, ungenau und aufgebauscht.

Welchen Stellenwert haben bei Ihnen Online-Bewerbungen (im Verhältnis zur Print-Bewerbung)?

K. T.: Unserer Erfahrung nach sind über 50 Prozent der Bewerber per E-Mail erreichbar und nutzen das Internet aktiv, um sich zu informieren. Deshalb hatten wir in zwei Runden diverse elektronische Jobbörsen ausprobiert (Marktführer und Nischenplayer). Das Ergebnis war sehr ernüchternd: Nicht ein Bewerber hatte sich daraufhin gemeldet. 90 Prozent unserer Kandidaten erreichen wir durch die *Süddeutsche Zeitung*, 10 Prozent durch den eigenen Internetauftritt. Schade, denn die klassischen Anzeigen kosten viel Geld.

Der Lebenslauf

Ein sehr wichtiger Bestandteil Ihrer Bewerbung ist der Lebenslauf: Auf maximal zwei Seiten soll übersichtlich Ihr bisheriger Werdegang dargestellt sein. Auf diese Weise erfährt der Leser die Essenz Ihrer Ausbildung und praktischen Erfahrung.

Da der Empfänger Ihrer Bewerbung bei der ersten Sichtung und Vorauswahl der Kandidaten nicht sehr viel Zeit aufwendet, ist es von enormer Bedeutung, dass auch beim schnellen Durchsehen alle wichtigen Informationen rüberkommen. Und dass Sie beim Leser den richtigen Eindruck hinterlassen: wiederum sowohl hinsichtlich der persönlichen Wirkung als auch, was das fachliche Profil angeht.

TIPP

Mit fachlichem Profil ist nicht unbedingt gemeint, dass Sie alle Anforderungen zu 100 Prozent erfüllen müssen. Klar ist, dass aus Ihren Unterlagen – und damit auch aus dem Lebenslauf – Ihre Qualifikation so hervorgehen muss, dass der Empfänger sie als relevant für die offene Position ansieht. Wer sich als Quereinsteiger in einen völlig neuen Bereich bewirbt, muss im Anschreiben in die Offensive gehen und diesen Schritt gezielt ansprechen.

In diesem ausführlichen Abschnitt erfahren Sie alles, was Sie wissen müssen, um Ihren Lebenslauf optimal zu gestalten:

- Formelles (Layout, Schriftart und -größe, Reihenfolge etc.)
- Tabellarisch, Fließtext – oder sogar handschriftlich?
- Aufbau und Bestandteile des Lebenslaufs mit Beispielen

Die **Grundregeln** für einen übersichtlichen und benutzerfreundlichen Lebenslauf sind:

- *Wählen Sie eine gut leserliche Schriftart und -größe.*
  Welche Schrift Sie wählen, ist egal (außer bei der Online-Bewerbung, siehe auch Seite 176). Tabu sind Schnörkel- oder Schreibschriften, außer als Akzent, zum Beispiel bei der Überschrift „Lebenslauf".

- *Wählen Sie ein gutes Papier.*
  Das übliche 80-Gramm-Papier ist in Ordnung. Wenn Sie sich aber für ein etwas festeres Papier entscheiden (90 oder 100 g), erzielen Sie eine bessere Wirkung und zeigen dem Empfänger, dass Sie auf Details achten. Außerdem scheint die Folgeseite nicht durch.

- *Achten Sie auf das Layout.*
  Machen Sie übersichtliche Tabellen. Die linke Spalte, die die Datumsangaben enthält, kann etwas schmaler sein – das hat auch den Vorteil, dass der Lebenslauf nicht so lang wird, weil die rechte Spalte breiter und so Platz für die Inhalte gewonnen wird. Tipp: Wenn Sie die Datumsangaben in Ziffern schreiben, sind alle Angaben gleich lang.

- *Reihenfolge*
  Sie können den Lebenslauf entweder von Ihrem Schulabschluss bis zur aktuellen Tätigkeit (Studienabschluss oder Arbeitsstelle) sortieren – oder umgekehrt. Wer einen sehr kurzen Lebenslauf hat und alles auf eine Seite bringt, der kann die erste Variante wählen. Bei wem es mehr zu sagen gibt, der sollte mit dem Aktuellen beginnen und sich zurück in die Schule „vorarbeiten". Weitere Informationen dazu später in diesem Abschnitt.

- *Unterschrift*
  Der Lebenslauf wird am Ende mit Datum versehen und unterschrieben.

Meist wird der Lebenslauf in Tabellenform geschrieben. Früher gab es zusätzlich die Variante Fließtext, bei der man also wie in einem kleinen Aufsatz das bisherige (Berufs-)Leben Revue passieren ließ. Letzteres wird kaum mehr verlangt, von daher sollten Sie diese Variante nur auf ausdrücklichen Wunsch eines Unternehmens wählen.

Ebenso verhält es sich bei handschriftlichen Lebensläufen. In der Regel wird ein Lebenslauf per Computer erstellt. Manche Behörden und vereinzelt auch Firmen verlangen den Lebenslauf handschriftlich. Bitte haben Sie keine Angst, wenn das geschieht: Es ist keineswegs richtig, dass Ihre Handschrift in solchen Fällen graphologisch geprüft wird – das wäre sehr zeit- und kostenaufwändig. Meist steckt der ganz banale Grund dahinter, dass man die Handschrift des Bewerbers sehen möchte. Eine lesbare Handschrift ist auch unternehmensintern sehr wichtig.

TIPP

Wer keinen Computer hat, braucht nicht zur Schreibmaschine zu greifen. In Bibliotheken, bei Volkshochschulen und in sozialen Einrichtungen, die sich um Arbeitsvermittlung kümmern, kann man oft kostenlos oder gegen geringe Gebühr einen Computer benutzen. Oder Sie nehmen den Service eines Schreibbüros für Ihre Bewerbungen in Anspruch.

Persönliche Daten

Im Wesentlichen sollten folgende Angaben aus dem Lebenslauf hervorgehen:

- Vorname Name
- Geburtsdatum/-ort
- Ihre kompletten Kontaktdaten

Ihre kompletten Kontaktdaten sollten auf dem Lebenslauf stehen, damit es der Personalentscheider möglichst einfach hat, mit Ihnen in Verbindung zu treten. Außerdem kann es passieren, dass der Lebenslauf separat weitergegeben oder archiviert wird und man anhand dessen zu einem späteren Zeitpunkt auf Sie zukommen möchte.

Sie können außerdem angeben:

- Ihren Familienstand; gegebenenfalls Anzahl und Alter Ihrer Kinder
- Ihre Staatsangehörigkeit (wenn Sie sich innerhalb Deutschlands bewerben und Deutscher sind, brauchen Sie das nicht extra zu erwähnen)

Nicht zu erwähnen brauchen Sie Ihre Religionszugehörigkeit sowie Angaben zu Eltern/Geschwistern. Informationen zu Eltern und Geschwistern gibt man in der Regel nur noch an, wenn man sich als Schüler um einen Ausbildungsplatz bewirbt.

Häufig sieht man diese Variante:

Lebenslauf

Persönliche Daten:	
Name:	Härter
Vorname:	Gitte
Straße:	St.-Cajetan-Straße 10
Ort:	81669 München
Tel.:	(0 89) 40 90 69 61
E-Mail:	gitte@selbstmarketing.de
Geburtsdatum:	08.08.69
Geburtsort:	Garmisch-Partenkirchen

Sie können die persönlichen Daten auch direkt untereinander schreiben, ohne offensichtliche Angaben wie „Name", „Straße" und so weiter extra mit aufzunehmen. Das hat auch den Vorteil, dass Sie Platz schaffen, um oben rechts Ihr Foto mit genügend Freiraum unterzubringen.

Lebenslauf

Gitte Härter
St.-Cajetan-Straße 10
81669 München
Tel. (0 89) 40 90 69 61
E-Mail: gitte@selbstmarketing.de
geb. am 08.08.69 in Garmisch-Partenkirchen

Wo soll das Foto genau hin? Geklebt, geheftet oder getackert? Antworten finden Sie im Abschnitt „Das Bewerbungsbild" ab Seite 148.

Beruflicher Werdegang

Haben Sie vor oder nach dem Studium in fester Anstellung gearbeitet, kommen an dieser Stelle die entsprechenden Informationen über die Tätigkeit, das Unternehmen und den Ort. Bei der Angabe der Dauer ist es wichtig, die Monate mit anzugeben und sich nicht auf die Jahreszahlen zu beschränken. Nur so ist klar ersichtlich, wie lange Sie tatsächlich in einer bestimmten Position tätig waren beziehungsweise wie lange Ihre Ausbildung gedauert hat.

TIPP

Seien Sie präzise, was die Unternehmensangabe betrifft. Sehr häufig kann man sich unter dem Firmennamen nichts vorstellen, entweder weil die Firma zu unbekannt oder auch weil sie zu groß ist.

Schreiben Sie zum Beispiel statt „Techniker, Firma MM & B GmbH, Murnau" besser:

Techniker, MM & B Medizintechnik GmbH,
Murnau

Und statt „Vertriebsassistent, PHILIPS GmbH Deutschland, Hamburg" besser:

Vertriebsassistent, PHILIPS GmbH Deutschland,
Bereich Unterhaltungselektronik, Hamburg

PHILIPS ist ein Riesenkonzern, der unter anderem folgende Produkte hat: Unterhaltungselektronik, Telekommunikation, Elektro-Hausgeräte, Computer-Zubehör, Speichermedien, Medizinsysteme. Es ist sinnvoll, den Unternehmensbereich näher zu bezeichnen.

Wichtig: Praktika und Nebenjobs erwähnen

Jede Firma begrüßt es, wenn Bewerber, die studiert haben, auch bereits praktische Erfahrungen in Firmen gesammelt haben. Wer also ein Praktikum absolviert oder sich per Nebenjob das Studium finanziert hat, sollte dies unbedingt auch in seiner Bewerbung erwähnen. Und zwar da, wo es relevant ist. Auf jeden Fall im Lebenslauf, weil es zum bisherigen Werdegang gehört und der Personalentscheider dort auf einen Blick sieht, was man schon alles gemacht hat. Zum anderen können Bestandteile daraus auch sehr wichtig für das Anschreiben sein.

Werden Sie konkret

Bei der Beschreibung des Praktikums empfiehlt es sich, so konkret wie möglich zu sein. Schreiben Sie bitte nicht nur „Praktikum bei Firma xy“. Darunter kann sich niemand etwas vorstellen. Es kann sein, dass Sie den ganzen Tag Ablage gemacht haben – oder aber, dass Sie eigenverantwortlich etwas bearbeitet haben. Versetzen Sie sich in den Personalentscheider: Dieser ist neugierig, was genau Sie an praktischer Erfahrung haben. Wichtig sind also Informationen wie diese:

- In welcher Abteilung haben Sie das Praktikum absolviert?
- Wenn die Firma, bei der Sie Praktikant waren, nicht bekannt ist, denken Sie daran, auch kurz zu beschreiben, was das Unternehmen macht.
- Haben Sie an einem konkreten Projekt mitgearbeitet? An welchem?
- Was konkret war Ihre Aufgabe dort?

Das Ganze erfordert übrigens nicht viele Worte. Hier ein Beispiel:

Praktikum bei BMW

Besser:

Praktikum in der Marketingabteilung von BMW

Noch besser:

Praktikum in der Marketingabteilung von BMW,
Projekt: Kundenzufriedenheitsanalyse

Geben Sie eventuell einzelne Aufgaben an:

Mitarbeit bei der Konzeption eines Fragebogens
verantwortlich für die Auswertung der Ergebnisse (mittels Excel)

So hatte zum Beispiel ein Elektro-Ingenieur im Lebenslauf „Praktikum bei Firma xy“ stehen – auf Nachfrage stellte sich heraus, dass er während des Praktikums eigenverantwortlich das Lager der Firma analysiert und optimiert hatte.

TIPP

Selbst wenn aus dem Praktikantenzeugnis Details hervorgehen, sollten Sie im Lebenslauf auf jeden Fall die Abteilung und einige Stichpunkte zur Art des Praktikums erwähnen.

Sofern ein Praktikum für die Position, für die Sie sich bewerben, besonders relevant ist, heben Sie es auch im Anschreiben hervor. Mehr dazu im Abschnitt „Das Anschreiben“, ab Seite 105.

Nachweise beilegen

In der Regel erhalten Sie über ein Praktikum einen Nachweis: Manchmal ist es ein einfacher Nachweis, aus dem lediglich hervorgeht, dass Sie von … bis … bei der Firma ein Praktikum absolviert haben. Es gibt auch ausführliche Praktikantenzeugnisse, aus denen detailliert die Aufgaben und die Beurteilung Ihrer Leistung hervorgehen – und die auch Informationen zu Ihrem persönlichen Verhalten umfassen.

Bitte bemühen Sie sich generell bei Praktika und Nebentätigkeiten um Zeugnisse. Dies können Sie übrigens auch im Nachhinein noch tun: Viele Firmen werden, gerade wenn sie mit Ihrer Arbeit zufrieden waren, Ihnen gerne einen Nachweis ausstellen. Wenn das Praktikum schon länger her ist, kann es sein, dass man Ihnen dort keinen qualifizierten Nachweis mehr ausstellen wird. Aber zumindest den Beleg, von wann bis wann Sie dort waren, können Sie jederzeit auch nachträglich noch erhalten. Es ist übrigens kein Beinbruch, wenn Sie von einer Stelle keinen Nachweis mehr bekommen können. Im Lebenslauf ist das Praktikum ja erwähnt.

Welche Nebentätigkeit/welches Praktikum ist der Rede wert?
Diese Frage bekommen wir häufig gestellt: Sind bestimmte Tätigkeiten überhaupt wichtig? Finden Sie einen gesunden Mittelweg: Einerseits nicht einfach Praxiserfahrung unter den Tisch fallen lassen, andererseits auch nicht alles übertreiben.

Da der Schwerpunkt Ihrer Ausbildung im Theoretisch-Abstrakten lag, ist jede Form praktischer Erfahrung für ein Unternehmen interessant und wird als wichtige Zusatzqualifikation gewertet. Gerade wenn Sie Ihr Studium abgebrochen haben, ist es vorteilhaft für Sie zu zeigen und nachzuweisen, dass Sie die Initiative ergreifen und Projekte durchziehen können.

Wie sieht es jetzt mit Tätigkeiten aus, die vermeintlich nichts mit der angestrebten Arbeitsstelle zu tun haben? Hier ein Beispiel:

Sie haben Ihr BWL-Studium abgebrochen, möchten sich gerne ins Marketing bewerben. Eine Ihrer Nebentätigkeiten war, dass Sie gekellnert haben, um sich Ihr Studium zu finanzieren. Auf den ersten Blick könnte man sagen: Neee, in einer Kneipe gearbeitet zu haben, das erwähne ich nicht in meinem Lebenslauf. Hat ja nichts mit dem angestrebten Beruf zu tun.

Tatsächlich ist das durchaus eine interessante Information: Erstens sieht das Unternehmen, dass Sie für Ihr Studium gearbeitet haben, und zweitens ist das Arbeiten im Service eine komplexe Aufgabe, bei der es gilt, den Überblick zu behalten und sich gut zu organisieren. Außerdem muss man schnell sein und sollte gut mit Menschen umgehen können. Achten Sie allerdings darauf, die Position vorteilhaft zu formulieren und sich nicht in unnötigen Details zu verlieren. Schreiben Sie zum Beispiel statt „Kellner im Hard Rock-Café“ lieber:

studienbegleitend: Nebentätigkeit in der Gastronomie/Service

Natürlich sollten Sie es auch nicht übertreiben und jede Kleinigkeit Ihres Lebens aufzählen: Wichtig ist, dass Ihre Unterlagen so relevant und aussagekräftig wie möglich sind, gleichzeitig aber nicht künstlich aufgeblasen erscheinen. Dass Sie als Schüler Zeitungen ausgetragen haben, ist beispielsweise nicht mehr relevant.

Wehr- oder Zivildienst

Bitte geben Sie auch hier konkret an, wie Sie Ihre Wehr- beziehungsweise Zivildienstzeit verbracht haben und schreiben Sie nicht nur „Wehrdienst" oder „Zivildienst" in den Lebenslauf.

Ausbildung

In dieser Rubrik können Sie alles zusammenfassen, was mit Ihrer Ausbildung zu tun hat: Lehre, Studium, Schule ... In puncto Schulausbildung reicht es, den höchsten Abschluss zu erwähnen. In Ihrem Fall also das Abitur. Wenn Sie wollen, können Sie die Stationen bis zur Grundschule mit angeben – das ist aber nicht nötig. Noten brauchen Sie nicht in den Lebenslauf reinzuschreiben, tun Sie es ruhig, wenn Sie überdurchschnittlich abgeschlossen haben.

TIPP

Die einzelnen Rubriken Ihres Lebenslaufes können Sie natürlich individuell bestimmen. Die hier vorgeschlagene Unterteilung ist üblich. Selbstverständlich können Sie auch Ihr Studium separat aufführen oder eine Extra-Rubrik „Praktika" mit anführen. Die sinnvolle Aufteilung ergibt sich aus Ihrem individuellen Werdegang und natürlich daraus, wie Sie Ihren Lebenslauf am besten schlüssig wiedergeben, sodass der Personalentscheider auch beim schnellen Überfliegen den Werdegang nachvollziehen kann.

Weitere Kenntnisse & Fähigkeiten

Darunter werden Informationen zu arbeitsrelevanten Kenntnissen zusammengefasst, zum Beispiel zu Sprachen und Computer. Auch hier ist es wichtig, sich präzise auszudrücken und vor allen Dingen nur solche Fähigkeiten zu nennen, die man auch wirklich besitzt und im Beruf einsetzen kann. So hat zum Beispiel eine Bewerberin in ihrem Lebenslauf stehen:

Sprachen: Italienisch, Englisch

Auf Rückfrage sagt sie, dass sie vor Jahren einen Anfängerkurs in Italienisch gemacht hat – und ihr Englisch sich auf schlechterem Schulniveau bewegt. Aber so wie die Bewerberin es formuliert hat, wird der Eindruck erweckt, dass sie beide Sprachen beherrscht. Besser ist es, genau zu sein. Wenn Italienisch-Kenntnisse praktisch nicht vorhanden sind, lieber ganz weglassen:

Sprachen: Englisch (Grundkenntnisse)

TIPP

Es gibt keine feste Skala, die die Sprachkenntnisse eindeutig festlegt. Durch eine präzise Ausdrucksweise können – und sollten – Sie den richtigen Eindruck vermitteln.

Wer „verhandlungssicher“ schreibt, der muss die Sprache wirklich sehr gut beherrschen. Auch bei „sehr gut“ ist davon auszugehen, dass jemand die Sprache hervorragend spricht. Wer „gut“ schreibt, bei dem gehe ich davon aus, dass er die Sprache „ganz gut“ kann, aber eben nicht perfekt.

Schreiben Sie nicht „ausbaufähig“: Das kann alles und nichts heißen. Vielleicht sind Sie schon super, denken aber, Sie könnten noch besser werden. Oder Sie gehen von ein paar Grundkenntnissen aus. Keine Sorge: Wenn die Sprache für die Position wichtig ist, werden

Sie sicher noch einmal detaillierter darauf angesprochen beziehungsweise sogar getestet. Nennen Sie bitte immer alle Sprachkenntnisse, die Sie haben. Wenn Sie Russisch können, obwohl das für die Stelle nicht relevant ist, bitte trotzdem erwähnen.

Auch für PC-Kenntnisse gilt: Geben Sie immer nur die Programme an, die Sie auch tatsächlich beherrschen, und die Kenntnisse, auf denen Sie aufbauen können. Beispiel: Ein Bewerber schreibt unter Computerkenntnisse: Excel. Ein simpler Test zeigt, dass der Bewerber nicht einmal die einfachste Handhabung des Programms kennt, es nur einmal „gesehen" und ein paar Eingaben in ein vorgefertigtes Formular gemacht hat. Schreiben Sie nicht eine lange Latte von Programmen, nur weil Sie einmal kurz in eine Demoversion reingesehen haben.

TIPP

Auch das Internet ist erwähnenswert. Schreiben Sie in so einem Fall lediglich „Internet" mit in Ihre Computerkenntnisse, wenn Sie ein Nutzer sind und sich damit auskennen.

Weiterbildung

Wenn Sie sich in relevanter Richtung aktiv weiterbilden, geben Sie Zeiten und Themen der Fortbildung mit an.

Es ist schön, wenn Sie dokumentieren, dass Sie sich aktiv weiterbilden. Manche Bewerber blähen ihren Lebenslauf und die Bewerbung unnötig auf, indem sie jede kleine Schulung erwähnen und alle Zertifikate beilegen, auch wenn es sich nur um Mini-Kurse handelt beziehungsweise das vermittelte Wissen nur sehr rudimentär oder gar nicht mehr vorhanden ist. Es lohnt sich, sich selbstkritisch Gedanken darüber zu machen, welche Art der Weiterbildung erwähnenswert ist.

Wichtig: Bitte keinen zu starken Filter setzen. Ein Beispiel dazu. Ein Techniker hat mehrere Rhetorik- und Kommunikationskurse gemacht, diese aber in seinen Bewerbungsunterlagen nicht erwähnt. Als Grund gab er an, dass Rhetorik ja nichts mit seinem Techniker-Beruf zu tun habe und er nur fachlich einschlägige Kurse erwähne. Ein unguter Schachzug: Denn Kommunikation stellt einerseits allgemein ein sehr wichtiges Feld dar, andererseits ist es insbesondere für einen Techniker, der sein Fachwissen ja auch mit Laien besprechen muss, ein starker Pluspunkt, wenn er sich auf diese Weise weiterbildet.

Hobbys/Interessen

Wenn es um Hobbys geht, hören wir oft: „Mein Privatleben geht die Firma nichts an!"

Das stimmt natürlich prinzipiell schon. Andererseits sind Sie immer ein ganzer Mensch und lassen nicht die Hälfte Ihrer Persönlichkeit zu Hause zurück. Und da es in einem kurzen Bewerbungsgespräch nicht einfach ist, etwas über die Person eines Bewerbers zu erfahren, hilft ein Einblick in die Interessen und die Freizeitgestaltung. Außerdem ist es angenehm, im Interview auch mal locker über andere Dinge zu sprechen. Unter Umständen ergibt sich beim Gespräch über Ihre Hobbys sogar eine Gemeinsamkeit, oder die Atmosphäre lockert sich für beide auf. Es ist aber kein Muss. Wenn Sie auf keinen Fall Ihre Hobbys im Lebenslauf angeben wollen, dann lassen Sie sie weg.

Wenn Sie sich dafür entscheiden, Ihre Interessen mit anzugeben, dann nennen Sie bitte Ihre tatsächlichen Hobbys und nicht etwa solche, von denen Sie glauben, dass Sie sich gut machen. Manchmal sind Bewerber verunsichert:

„Mist! Alle Sportarten, die ich mache, sind kein Teamsport. Denken die jetzt, ich bin Einzelgänger?“
„Eigentlich sind meine Hobbys Lesen und Musikhören – aber das klingt so undynamisch.“
„Was ist, wenn die Firma denkt, Paragliding ist zu gefährlich?“

Derlei Spekulationen sind reine Raterei. Erstens wissen Sie nicht, wie der jeweilige Personalentscheider reagiert und zweitens vergessen Sie bitte nicht: Die Bewerbung wird immer im Gesamten gesehen. Nur aufgrund eines Hobbys bekommen Sie keine Absage. Die Angabe zu den persönlichen Interessen dient wirklich nur dazu, einen runderen Eindruck von Ihnen zu bekommen.

Stichwort: Auslandsaufenthalte
Wenn Sie während Ihres Studiums im Ausland waren, zum Beispiel ein Austauschjahr mitgemacht haben, dann sortieren Sie das ganz normal im Lebenslauf an der geeigneten Stelle ein.
Sofern Sie gezielt Auslandsaufenthalte gemacht haben, zum Beispiel in Form von Praktika, können Sie auch einen extra Abschnitt „Auslandsaufenthalte“ einfügen.

Nachfolgend zwei Beispiele, wie Sie Ihren Lebenslauf aufbauen können. Wir haben unserem fiktiven Bewerber „Martin Meier“ jeweils einen unterschiedlichen Werdegang gegeben, um den Lebenslauf zu variieren. Sie sehen schon an den beiden Beispielen, dass Sie von der Gestaltung her Spielraum haben. Achten Sie aber, wie bereits erwähnt, auf Übersichtlichkeit und sinnvolle Struktur.

Lebenslauf

Martin Meier
Rhabarberweg 3
80805 München
Tel. (0 89) 36 10 78 47
E-Mail: m.meier@firma.de

geboren am:	8. August 1976
in:	Garmisch-Partenkirchen

Schule

Juni 1995	Abitur, Albert-Schweitzer-Gymnasium, München

Wehrdienst

10/95 – 09/96	Bundeswehr 3. Kompanie Nachschubbataillon 10, Sigmaringen

Studium

10/96 – 11/98	Studium an der Fachhochschule Ravensburg-Weingarten Studiengang Elektronik, Schwerpunkt Nachrichtentechnik

beruflicher Werdegang

seit 12/98	**Entwickler**, *mobile* Telekommunikation GmbH, München

weitere Kenntnisse und Fähigkeiten

Computer:	MS Office, Visual Basic 6, LabVIEW
Sprachen:	sehr gutes Englisch in Wort und Schrift
Hobbies:	Computer, Musik, Jogging

München, Januar 2005

Martin Meier

Lebenslauf

Martin Meier
Rhabarberweg 3
80805 München

Tel. (0 89) 36 10 78 47
E-Mail: m.meier@firma.de

geboren am 8. August 1972
in Garmisch-Partenkirchen
verheiratet

beruflicher Werdegang

seit 10/98	**Entwickler**, *mobile* Telekommunikation GmbH, München

studienbegleitendes Praktikum

03/98 – 06/98	*mobile* Telekommunikation GmbH, München - Abteilung Forschung + Entwicklung -

Studium

09/96 – 08/98	Studium an der Fachhochschule Ravensburg-Weingarten Studiengang Elektronik, Schwerpunkt Nachrichtentechnik

Zivildienst

01/95 – 06/96	Fahrer, Studentenwerk München

Berufsausbildung

09/92 – 09/95	Ausbildung zum Bankkaufmann, Commerzbank München

...

- 2 -

Schule

1992	Albert-Schweitzer-Gymnasium, München Abitur, Abschlussnote: 1,4

weitere Kenntnisse & Fähigkeiten

Computer:	MS Office, Visual Basic 6, LabVIEW
Sprachen:	Englisch: verhandlungssicher Französisch: gute Kenntnisse in Wort und Schrift

Interessen

Basketball, Kino, Jogging

München, Januar 2005

Martin Meier

Das Tätigkeitsprofil

In manchen Fällen ist es sinnvoll, Aufgabenbereiche etwas näher zu beschreiben: Ob es sich nun um Praktika mit besonderen, eigenverantwortlichen Tätigkeiten handelt oder um eine Festanstellung.

Wann das angebracht ist, hängt auch hier davon ab, wie aussagekräftig die Informationen sind. Wie im Abschnitt über Praktika erwähnt (siehe ab Seite 134), sollte man möglichst konkret sein, zum Beispiel angeben, in welcher Abteilung man ein Praktikum gemacht hat. Hier gibt es dann wieder die Möglichkeit, dass man für Hilfstätigkeiten zuständig war – oder, wie es eine Bewerberin letztens beschrieben hat, „einfach mitgelaufen ist“, also mehr eine beobachtende Tätigkeit hatte. Oder aber man hat eigenverantwortlich ein Projekt betreut beziehungsweise maßgeblich mitunterstützt. Gerade wenn kein Nachweis über die Tätigkeit vorliegt, aus dem Aufgaben und Verantwortlichkeiten hervorgehen, kann ein Tätigkeitsprofil sehr sinnvoll sein.

Wenn Sie neben dem Studium nicht viel praktische Berufserfahrung gesammelt haben, ist es natürlich das Einfachste, die Details einer Tätigkeit im Lebenslauf unterzubringen und sie unter der jeweiligen Aufgabe anzuführen. Etwa so:

08/99–10/99	Praktikum bei der Eventagentur KLM & N, München ▸ Mit-Organisation eines Kongresses für die Versicherungsbranche ▸ Konzeption und Texten von Einladungen ▸ Lieferanten-Auswahl für das Rahmenprogramm

Sie sehen anhand des Beispiels, dass es wirklich nur um Tätigkeiten geht, bei denen Sie etwas Anspruchsvolles machen mussten. Natürlich würde niemand näher auf eine Tätigkeit eingehen, die ungefähr so aussieht:

Praktikum bei Eventagentur KLM & N, München

- Kopieren von Unterlagen
- Erledigen der Ablage

Sofern Sie, was die praktische Seite betrifft, sehr aktiv waren, reicht Ihnen eventuell der Platz im Lebenslauf nicht. Das sollte allerdings wirklich die Ausnahme sein, denn wenn Sie Ihr Studium erst kürzlich abgebrochen haben, müssten eine, maximal zwei Seiten für den Lebenslauf locker reichen.

Wenn nicht, können Sie das Tätigkeitsprofil auch separat auf einem extra Blatt beifügen, das Sie dann mit „Tätigkeitsprofil" überschreiben. In der Regel reicht auch hier eine Seite – bitte wieder maximal zwei. So bleibt der Lebenslauf auf jeden Fall übersichtlich, was besonders wichtig ist. (Details zum Lebenslauf ab Seite 129.)

TIPP

Vermeiden Sie Fachjargon beziehungsweise erklären Sie Fachbegriffe, die nicht allgemein bekannt sind.

Reine Insider-Wörter, die in der jeweiligen Firma oder Branche verbreitet und üblich sind, sagen anderen oft nichts. Auch haben manche Unternehmen englische Positionsbezeichnungen, die nicht jedem geläufig sind. Wer in seiner Praktikantenzeit „Assistant Account Executive" war, muss ein paar Worte darüber verlieren, was das überhaupt bedeutet.

Das Bewerbungsbild

Zu einer kompletten Bewerbungsmappe gehört auch ein gutes Foto. Die Betonung liegt auf „gut“. Und damit ist nicht nur technisch einwandfrei gemeint, sondern auch gut im Sinne von vorteilhaft: Das Foto gibt dem Leser Ihrer Unterlagen die Gelegenheit, sich buchstäblich ein Bild von Ihnen zu machen.

Wir sind alle nur Menschen und möchten uns vorstellen können, mit wem wir es zu tun haben. Mit dem Bild einer Person vor Augen kann man sich ganz anders auf die Unterlagen einstellen. Erstaunlich, dass viele Bewerber das Foto als notwendiges Übel betrachten und teilweise irgendwelche Schnappschüsse beiheften, als ob es nicht wichtig wäre, wie das Foto aussieht, sondern nur, dass überhaupt eines dabei ist.

TIPP

Bevor Sie ein grauenhaftes Bild beilegen, lassen Sie es lieber ganz weg. Natürlich sollten Sie sich im eigenen Interesse um ein technisch einwandfreies und vorteilhaftes Foto für Ihre Bewerbung bemühen.

Es geht übrigens nicht darum, Model-Qualitäten zu haben: Das Foto soll Sie als sympathischen potenziellen neuen Mitarbeiter zeigen.

In diesem Kapitel erfahren Sie alles, was es rund um das Bewerbungsbild zu wissen gibt:

- Format
- Farbe oder Schwarz-Weiß
- Kleidung, Gesichtsausdruck
- Auswahl eines guten Fotografen
- Wie Sie gut rüberkommen
- Platzierung des Fotos in der Bewerbung

Sie finden auch einige Beispiel-Fotos mit Kommentaren. Leider konnten wir die Fotos nur in Schwarz-Weiß abdrucken. Wir gehen jeweils aber auch auf die Farben ein.

Gute Qualität

Absolut tabu sind Automatenbilder! Ein Foto aus dem Passbild-Automaten können Sie jederzeit für Reisepass, Führerschein, Bahncard etc. verwenden, aber auf keinen Fall für eine Bewerbung!

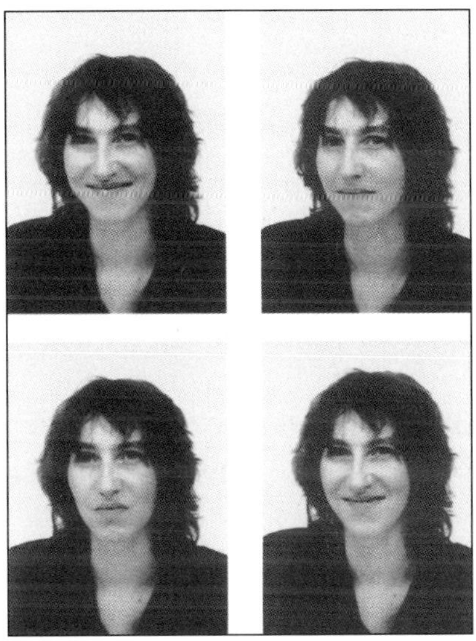

Abgesehen davon, dass es die wenigsten Menschen schaffen, einigermaßen gut auf diesen Fotos auszusehen, kann man in der kurzen Zeit und auf sich alleine gestellt nicht auf Details achten. Der Gesichtsausdruck ist meist eher verschreckt und erinnert an erkennungsdienstliche Behandlung durch die Polizei. Schließlich ist man im Foto-Automaten meist sehr unvorteilhaft ausgeleuchtet und sieht wie eine Leiche aus.

Investieren Sie in einen guten Fotografen! Nicht jeder Fotograf, der ein Schild „Hier Bewerbungsfotos!“ im Fenster hat, macht auch gute Bilder. Leider unterscheiden sich die Gleich-mitnehmen-Bewerbungsfotos häufig nur wenig von den Automatenbildern, abgesehen von dem etwas vorteilhafteren Licht und davon, dass sie technisch besser sind.

Bevor Sie das Studio betreten, schauen Sie sich im Fenster die Arbeit des Fotografen an: Wie sehen die Fotos aus? Wurde jeder Kunde auf die gleiche Art fotografiert, oder ist der Fotograf auf die einzelnen Leute individuell eingegangen? Kommen die fotografierten Menschen sympathisch rüber, oder sehen sie eher gekünstelt aus? Wirkt das Lächeln gezwungen? Hat der Fotograf auf Kontraste geachtet, oder finden Sie hellblaues Hemd vor hellblauem Hintergrund? Wenn Sie mit dem, was Sie sehen, zufrieden sind, checken Sie ab: Nimmt sich der Fotograf Zeit für Ihr Bewerbungsbild – oder ist es so gedacht, dass Sie sich mal eben hinsetzen und dann wird schnell abgedrückt? Können Sie die Fotos später nachmachen lassen?

TIPP

Viele Fotostudios arbeiten bereits mit Digitalkameras. Das hat den Vorteil, dass Sie direkt am Bildschirm sehen, wie das Foto geworden ist. Und wenn es nichts ist, kann sofort ein neuer Anlauf genommen werden.

Es lohnt sich wirklich, etwas mehr Geld in ordentliche Porträts zu investieren: Wählen Sie den Fotografen gewissenhaft aus, vielleicht kann Ihnen jemand einen guten Fotografen empfehlen.

Für ein professionelles Shooting nimmt der Fotograf sich Zeit, und Sie können die verschiedensten Varianten ausprobieren: mal lächelnd, mal ernst, mal frontal in die Kamera, Farbe, Schwarz-Weiß, verschiedene Hintergründe. Nehmen Sie sich auch Kleidung zum Wechseln mit!

Sagen Sie dem Fotografen, wie Sie wirken möchten! Wollen Sie sympathisch, aber ehrgeizig/entschlossen rüberkommen, wird ein guter Fotograf das anders umsetzen als ein locker-dynamisches Porträt. Wenn Sie sich als Kundenberater im Finanzwesen bewerben möchten, sagen Sie ruhig: „Ich muss seriös rüberkommen, weil mir die Leute ihr Geld anvertrauen sollen, gleichzeitig will ich aber sympathisch und freundlich wirken." Ein guter Fotograf wird diese Vorstellungen geschickt in die „Bildsprache" umsetzen. Daran erkennen Sie übrigens einen guten Fotografen: Er fragt Sie von sich aus nach dem Anlass und der gewünschten Wirkung.

Von allen Fotos bekommen Sie hinterher Kontaktabzüge, aus denen Sie die am besten gelungenen Bilder aussuchen und nachmachen lassen können. Das Format bestimmen Sie. Sie können die Bilder jederzeit auch für private Zwecke nutzen, vielleicht als Geschenk für Ihre Eltern.

TIPP

Heben Sie sich die Rechnung für die Fotos für Ihre Steuererklärung auf.

Beide Fotos sind zur gleichen Zeit entstanden. Sowohl die Kleidung als auch der Gesichtsausdruck verändern die Ausstrahlung und damit die Wirkung der Bewerberin total: Beide Bilder wirken sympathisch, auf dem rechten Foto ist die Bewerberin etwas distanzierter und ernsthafter dargestellt.

Darf man auch Privatfotos für die Bewerbung nutzen? Wenn Sie ein gutes Bild von sich haben, dessen Fokus auf Ihrem Gesicht ist. Wenn es nicht zu sehr nach Urlaub aussieht (Sonnenbrand, die Haare vom Winde verweht und Hawaiihemd). Kurz gesagt: Wenn es ein vorteilhaftes, dem Anlass angemessenes gutes Foto ist – warum nicht?

Das Format

Beim Format sind Sie nicht festgelegt: Sie können bei Passbild-Größe bleiben, dürfen aber auch gerne ein größeres Format wählen. Natürlich sollten Sie nicht übertreiben, denn der Personalentscheider will sich ja Ihr Foto nicht übers Bett hängen. Die Größe des Fotos sollten Sie auch davon abhängig machen, wie gut das Bild gelungen ist. Ein unvorteilhaftes Foto, das auch noch extrem groß ist, wirkt kontraproduktiv.

TIPP

Der Mittelpunkt des Bewerbungsbildes sollte auf Ihrem Gesicht liegen. Bei Fotos, die sehr viel an Hintergrund und Kleidung zeigen, profitiert das Bild oft, wenn man es etwas zuschneidet. Bevor Sie zur Schere (oder Computermaus) greifen: Legen Sie – am besten schwarzes – Papier auf das Foto und decken Sie probeweise die Bereiche ab, die Sie abschneiden würden. So bekommen Sie einen guten Eindruck davon, ob sich ein Ausschnitt lohnt.

In der Regel ist ein Bewerbungsfoto ein Porträt (Fokus auf dem Gesicht) oder ein Halbporträt (mit Oberkörper). Ganzkörperaufnahmen bitte nur dann mitschicken, wenn sie ausdrücklich gefordert sind (z. B. bei einer Bewerbung als Flugbegleiter).

Farbe oder Schwarz-Weiß

Ob Farbe oder Schwarz-Weiß, können Sie selbst entscheiden. Viele Menschen fühlen sich mit Schwarz-Weiß etwas wohler, weil es oft vorteilhafter ist.

Wenn Sie sich für Schwarz-Weiß entscheiden, lassen Sie sich vorher entsprechende Bilder des Fotografen zeigen. Hier gibt es nämlich auch Unterschiede: von elegant-modern über 20er-Jahre-Look bis hin zu Trauerstimmung. Apropos Trauer: Wenn Sie ein Schwarz-Weiß-Bild haben, achten Sie auf die Wirkung Ihrer gesamten Unterlagen. Nicht selten kommen Bewerbungsunterlagen unabsichtlich sehr trist daher (siehe auch Seite 100).

Dies ist eigentlich ein Farbfoto, die Kontraste im Original kommen deutlicher raus. Hier würde ich raten, das Bild am unteren Rand einen halben Zentimeter (sauber!) abzuschneiden: Der schwarze Rollkragenpullover ist durch die große Fläche sehr dominant und erschlägt den Kopf optisch etwas. Ansonsten wirkt das Foto sehr sympathisch: Die Person hat einen sehr offenen Gesichtsausdruck, der direkte Blick zum Betrachter und das breite Lächeln wirken einnehmend.

© Ecker

Sowohl bei Farbe als auch bei Schwarz-Weiß-Fotos sollten Sie auf jeden Fall auf gute Kontraste achten: Der Hintergrund sollte sich, wie der Name schon sagt, im Hintergrund halten und Ihr Porträt unterstützen.

Häufig achten leider auch Fotografen nicht auf diesen wichtigen Punkt – oder sie haben nur einen Standard-Hintergrund: Ihr Pech, wenn Ihre Haarfarbe oder die Farbe Ihres Oberteils identisch mit dem Hintergrund ist. Wenn Ihr Fotograf nicht darauf achtet, tun Sie es selbst!

TIPP

Gehen Sie mit einem Freund/einer Freundin zum Bildermachen. Dann haben Sie immer noch jemanden, der Ihnen direkt sagen kann, wie Sie wirken, und ein Auge auf Details hat. Außerdem lockert es die Stimmung, und man entspannt sich in der „Ausnahmesituation Fotoshooting" ... was sich auf die natürliche Ausstrahlung positiv auswirkt.

Auch hier handelt es sich eigentlich um Farbfotos: Man sieht sehr gut, wie wichtig der Hintergrund ist und wie unterschiedlich die Bilder alleine dadurch wirken.
Das Bild links wirkt düster: Zum einen durch den seltsam strukturierten Hintergrund, zum anderen durch die große Fläche des dunklen Pullovers. Auch der ernsthaftere Gesichtsausdruck trägt dazu bei. Der Bewerber wirkt nicht unsympathisch,

aber sehr distanziert/skeptisch und abwartend. Das rechte Foto ist vom Ausdruck her nicht sehr viel anders, wirkt aber deutlich offener, alleine durch die helleren Farben und weicheren Kontraste. Leider ist der Hintergrund rechts schlecht gewählt, denn er entspricht fast genau der Hemdfarbe des Bewerbers. Das führt dazu, dass die Person fast im Hintergrund verschwindet. Das rechte Foto ist vorzuziehen, weil das Gesicht des Bewerbers besser ausgeleuchtet ist, sein Gesichtsausdruck offener ist und das Foto die Person allgemein vorteilhafter in den Mittelpunkt rückt.

Machen Sie Fotos, wenn Sie sich gut fühlen! Es gibt Tage, da fühlt man sich gar nicht wohl in seiner Haut. Sie sollten Fotos nur dann machen, wenn Sie in toller Verfassung sind und Bäume ausreißen könnten. Das bedeutet, dass Sie auf keinen Fall hektisch und gestresst sein dürfen. Nehmen Sie sich Zeit. Vielleicht möchten Sie direkt vorher auch noch zum Friseur gehen, weil Sie die Haare selbst nicht so hinbringen, wie Sie es gerne hätten?

Ist der Termin schon vereinbart, Sie haben aber einen Horror-Tag hinter sich und spüren, dass Ihnen ein Fototermin jetzt gerade noch fehlt, dann scheuen Sie sich nicht, den Termin zu verschieben. Man wird es den Fotos anmerken!

Die Platzierung des Fotos in den Unterlagen

Üblich ist: Entweder Sie machen ein Deckblatt, dann kommt das Foto direkt auf die erste Seite Ihrer Bewerbung (Details zum Deckblatt ab Seite 102). Oder aber Sie kleben das Foto auf Ihren Lebenslauf (Details zum Lebenslauf ab Seite 129).

TIPP

Lassen Sie genug Abzüge für Ihre Bewerbungen machen!

Kann man auch gescannte oder selbst ausgedruckte Fotos verwenden? In der Regel ist die Qualität des eigenen Tintenstrahlers nicht so gut, dass man das befürworten kann. Wer einen schlechten Ausdruck hat, kommt unvorteilhaft und eventuell sogar schlampig rüber.

Wer einen 1a-Drucker sowie eine Bilddatei von sehr hoher Qualität hat und auf Fotopapier ausdruckt, der bekommt unter Umständen ein gutes Resultat: Wenn Ihr Ausdruck aussieht wie ein richtiges Foto, dann okay. In Ordnung wäre auch der Ausdruck mit einem Farblaserdrucker, wenn die Bildvorlage einwandfrei ist. Allerdings sind die Kosten dafür nicht von Pappe, sodass man meist gleich einen richtigen Abzug nehmen kann.

Die Anlagen: Zeugnisse & Zertifikate

In Deutschland ist es üblich, den bisherigen Werdegang lückenlos nachzuweisen. Und zu einer vollständigen Bewerbungsmappe gehören alle Nachweise:

- Schulzeugnisse
  Beim Schulzeugnis reicht das mit dem höchsten Abschluss, also in Ihrem Fall das Abiturzeugnis. Sofern Sie Zeugnisse haben, bei denen die Art der Benotung nicht den üblichen Standards entspricht, ist eine entsprechende Erklärung hilfreich.

- Praktikanten-Zeugnisse
  Auch über Ihre Praktika sollten Sie entsprechende Nachweise beilegen. Ein detailliertes Praktikantenzeugnis, das idealerweise auch eine persönliche Beurteilung beinhaltet, ist optimal. Denn dadurch demonstrieren Sie einem potenziellen Arbeitgeber Ihre Praxiserfahrung (siehe auch Seite 136).

- Arbeitszeugnisse
  Es liegt jeweils das endgültige Zeugnis bei. Etwaige Zwischenzeugnisse sind nur dann wichtig, wenn Sie noch kein Endzeugnis haben – oder wenn das Zwischenzeugnis über eine andere Tätigkeit innerhalb des Unternehmens ausgestellt wurde.

TIPP

Legen Sie bei fremdsprachigen Zeugnissen eine (beglaubigte) Übersetzung bei. Umgekehrt natürlich auch: Wenn Sie sich im Ausland bewerben, sollten Sie alle Anlagen übersetzt beifügen. Ausnahmen sind englische Nachweise – wenn Sie sicher wissen, dass der Empfänger der englischen Sprache mächtig ist.

Was ist, wenn ein schlechtes Zeugnis dabei ist? Keine Sorge: Wie bereits mehrfach betont, ist nie nur ein einzelner Aspekt Ihrer Bewerbung maßgebend. Der Personalentscheider, der eine Bewerbungsmappe in der Hand hält, beurteilt die Summe aller Dinge. Sie werden möglicherweise im Bewerbungsgespräch auf eine schlechte Note in einem Schulzeugnis oder eine nicht eindeutige Formulierung in einem Arbeitszeugnis angesprochen, dies wird jedoch nie alleine für eine Absage sorgen. Wenn Sie die Empfehlungen in diesem Buch beachten: sich also insgesamt überlegt und vorteilhaft präsentieren, individuell auf das Unternehmen/die Position eingehen, dann wird ein weniger gutes Zeugnis kein Hindernis für eine Einladung sein.

TIPP

Lassen Sie bitte nie einfach ein Zeugnis weg. Sonst geben Sie Anlass zu Spekulationen: Hat der Bewerber am Ende etwas zu verbergen?

Fordern Sie auch nachträglich Zeugnisse an, wenn Sie bei einer Schule/Arbeitsstelle kein Zeugnis bekommen haben – oder es Ihnen abhanden gekommen ist. Auch wenn die Tätigkeit schon eine Weile zurückliegt, können Sie bei der Personalabteilung jederzeit auch im Nachhinein einen Nachweis über Art und Dauer der Beschäftigung erhalten. Aber keine Sorge: Sofern es im einen oder anderen Fall nicht mehr möglich sein sollte, ein Zeugnis zu bekommen, ist das auch kein Beinbruch. Je nachdem, wie wichtig das Zeugnis ist, sprechen Sie das Fehlen in der Bewerbung am besten von sich aus an.

Übrigens: Auch wenn Sie im eigenen Familienbetrieb tätig waren, sollten Sie sich ein Zeugnis ausstellen lassen. Häufig hören wir, dass Bewerber davon absehen, weil man „das Zeugnis von einem Elternteil eh nicht ernst nimmt“. Das stimmt nicht. Sie sollten in der Familie natürlich darauf achten, dass das Zeugnis wahrheitsgemäß und auch detailliert ausfällt. Je konkreter, desto glaubwürdiger.

Die eigene Fortbildung belegen und aktiv für sich nutzen

Sie haben sich weitergebildet und können entsprechende Zertifikate vorweisen? Dann sollten Sie diese auch bei Ihrer Bewerbung berücksichtigen. Nachweise über Fortbildung haben einen wichtigen Mehrfachnutzen:

- Sie zeigen, dass Sie sich aktiv um Ihre Weiterbildung bemühen, dass Sie sich verbessern möchten beziehungsweise aktiv Defizite ausgleichen.
- Sie betonen Ihr Engagement und Ihre Wissbegier.
- Sie belegen die Inhalte, die Sie sich in Kursen angeeignet haben.
- Je nachdem, um welche Kurse es sich handelt, demonstrieren Sie auch Offenheit und Interesse für andere Themen.

Gerade, wenn Sie noch am Anfang Ihrer beruflichen Karriere stehen, ist das von Vorteil: Sie haben ja noch nicht so viele Nachweise hinsichtlich praktischer Berufserfahrung. Lassen Sie sich von Kursveranstaltern entsprechende Zertifikate ausstellen. Auch wenn das vielleicht nicht vorgesehen ist, wird es auf Anfrage gerne gemacht. Am sinnvollsten sind aussagekräftige Zertifikate, in denen die Inhalte des jeweiligen Kurses aufgelistet sind.

Leider gibt es häufig sehr nichtssagende Nachweise. Es nützt einem herzlich wenig, nur zu lesen, dass Sie an einem Kurs mit Erfolg teilgenommen haben. Es sollten auf jeden Fall auch stichpunktartig die vermittelten Inhalte erscheinen.

TIPP

Fordern Sie detaillierte Nachweise an.

Beispiel:

Herr Martin Meier hat am Kurs
„Business English für Anfänger"
mit Erfolg teilgenommen.

Datum, Unterschrift

Besser:

Herr Martin Meier hat am Zwei-Tages-Kurs
„Business English für Anfänger"
mit Erfolg teilgenommen.

Die Kursinhalte:
Basis-Vokabular
Telefongespräche auf Englisch
Korrespondenz (Brief/Fax/E-Mail)
Erfolgreich präsentieren
Praktische Übungen

Datum, Unterschrift

Wichtig ist jedoch: Nur die Zertifikate sind relevant, die ein Wissen nachweisen, mit dem man auch (noch) etwas anfangen kann. Nicht jeder Kurs, den Sie jemals besucht haben, ist für ein Unternehmen noch interessant.

Wenn Sie zum Beispiel vor zehn Jahren einen Windows 3.1-Kurs besucht haben, nützt das heute niemandem mehr, weil diese Programmversion im Berufsleben praktisch nicht mehr vorkommt.

Oder: Sie haben zwar einen Englisch-Auffrischungskurs besucht, Ihre tatsächlichen Sprachkenntnisse sind allerdings so schlecht, dass Sie sich weder unterhalten noch korrespondieren können. In so einem Fall würde das Zertifikat den Empfänger auf eine falsche Fährte führen. Außer Sie machen an anderer Stelle Ihrer Bewerbung deutlich, dass Ihre aktiven Englischkenntnisse nicht gut sind, Sie diese aber durch entsprechende Trainings wieder aktivieren können.

TIPP

Es kann nicht oft genug betont werden: Achten Sie immer auf ausgezeichnete Kopien Ihrer Anlagen! Legen Sie Ihrer Bewerbung niemals Originale bei.

Der Versand

Sie haben Ihre Bewerbungsunterlagen zusammengestellt. Jetzt bitte nicht beim „final touch" nachlassen – auch beim Versand gibt es noch einiges zu beachten:

- Stabile Verpackung wählen
  Kuverts mit Kartoneinlage sind sehr zu empfehlen, weil die Sendung besser geschützt ist. Wenn Sie ein einfaches Papierkuvert wählen und Ihre Unterlagen geknickt ankommen, dann ist es

zweitrangig, ob eigentlich die Post dran schuld ist: Die Mappe sieht einfach schlampig aus, und das wirkt sich auch auf Ihre Präsentation aus. Und damit auf den Eindruck, den der Empfänger von Ihnen gewinnt.
Wer eine stabile Mappe gewählt hat, kann ein Papierkuvert nehmen. Wer eine biegsame Hülle für seine Unterlagen nutzt, sollte einen Karton zur Verstärkung beilegen. Wichtig: Bitte einen sauber ausgeschnittenen Blanko-Karton. Nicht ein Stück aus dem Karton Ihrer Stereoanlage rausschneiden.

- Gut verschließen
  Die Gummierung bei Kuverts reicht nicht immer aus: Kleben Sie lieber über den Verschluss noch einen Streifen Tesa. (Aber bitte in Maßen: Der Empfänger soll es ja nicht schwer haben, an Ihre Bewerbung ranzukommen.)

- Absender
  Schreiben Sie auf jeden Fall Ihren kompletten Absender auf das Kuvert. Sollte die Sendung aus irgendeinem Grund nicht ankommen, bekommen Sie die Bewerbung zurück und können reagieren.

- Empfänger
  Checken Sie die Empfänger-Adresse lieber zweimal: Ein kleiner Schreibfehler, zum Beispiel bei der Postleitzahl, genügt, dass die Sendung nicht ankommt. Achten Sie auf die Details: Wenn Sie einen konkreten Ansprechpartner wissen, dann schreiben Sie ihn hin – mit Vor- und Zunamen.

TIPP

Bitte vergessen Sie nicht die Anrede „Frau“ oder „Herr“. Wer nur den Namen schreibt, wirkt unhöflich.

- Richtig frankieren
  Bitte schätzen Sie nie das Porto! Es wäre sehr peinlich, wenn

der Empfänger für Ihre Bewerbungsunterlagen Nachporto bezahlen müsste. Lieber auf Nummer sicher gehen und die Bewerbung zur Post tragen.
Häufig wird uns die Frage gestellt, ob Sondermarken besser ankommen. Ob Sie Ihre Sendung mit normalen oder mit Sondermarken frankieren, ist wirklich zweitrangig: Den Unternehmen geht es schließlich um den richtigen Mitarbeiter. Was also zählt, ist der Inhalt.
Sondermarken sehen oft hübsch aus, fallen aber in den seltensten Fällen überhaupt auf. Und der Empfänger Ihrer Mappe sieht das Kuvert in der Regel gar nicht, da die Briefe in der Poststelle geöffnet und dann ohne die Verpackung weitergegeben werden. Verwenden Sie also die Marken, die Sie greifbar haben. Wenn Sie neue kaufen und Ihnen Sondermarken besser gefallen, dann nehmen Sie diese.

Manchmal kommen Zweifel auf, ob man nicht besser einen frankierten Rückumschlag beilegen sollte, damit die Unterlagen bei einer Absage auch wirklich wieder zurückgeschickt werden.

Wir halten das für kontraproduktiv – und können es Ihnen daher auf keinen Fall empfehlen: Sie möchten in erster Linie zum Gespräch eingeladen werden, damit Sie auch von Ihrer Seite her Klarheit darüber bekommen, wie die offene Stelle aussieht. Ihre Intention ist also nicht, eine Absage mit Ihren Unterlagen zurückzubekommen. Wer von Haus aus einen frankierten Rückumschlag beilegt, der signalisiert dem Unternehmen, dass er ohnehin (wieder) mit einer Absage rechnet. Das kommt nicht gut an.

Die Kurzbewerbung

Die Kurzbewerbung ist, wie der Name schon sagt, kurz und hat folgende Bestandteile:

- ein aussagekräftiges, interessantes Anschreiben,
- den Lebenslauf (idealerweise mit Foto) und,
- wenn relevant, ein Tätigkeitsprofil.

Eine Kurzbewerbung können Sie immer dann schicken, wenn es ausdrücklich vom Unternehmen verlangt wurde, wenn Sie einfach mal vorfühlen wollen oder es ganz schnell gehen muss.

TIPP

Bitte in letzterem Fall entweder mit der Firma absprechen oder im Anschreiben kurz darauf eingehen, dass Sie keine kompletten Unterlagen schicken.

Auf eine reguläre Stellenausschreibung sollten Sie sich nie einfach nur mit einer Kurzbewerbung melden. Außer Sie haben es mit dem Unternehmen abgestimmt. Denn wer sich auf eine Anzeige mit dieser arg verkürzten Variante der Bewerbung meldet,

- zeigt, dass er sich nicht groß die Mühe macht, sich ordentlich zu bewerben, und
- wird rein von der Präsentation her im Vergleich zu anderen Bewerbern schlechter abschneiden.

Achten Sie auch bei der Kurzbewerbung auf eine ansprechende Präsentation: So lohnt es sich, die Unterlagen in eine ordentliche Klarsichthülle zu legen und in einem verstärkten A4-Kuvert zu verschicken (auch wenn es mehr Porto kostet). So kommen die Unterlagen – ohne Knicke! – besser zur Geltung.

Die absolute Ausnahme
Wer keine, nur sehr wenige oder grottenschlechte Zeugnisse hat, wird in den meisten Fällen eine Absage bekommen. In so einem krassen Fall ist eine Kurzbewerbung durchaus sinnvoll. Durch eine saubere Präsentation und mit einem interessanten Anschreiben kann man sehr wohl eine Einladung zum persönlichen Gespräch erreichen.
Zum Gespräch muss man natürlich die kompletten Unterlagen mitbringen. Das hat aber dann den Vorteil, bereits beim Personalentscheider am Tisch zu sitzen. Wer intensiv vorbereitet ist und ein gutes Gespräch führt, der hat reelle Chancen auf eine Position (zum Bewerbungsgespräch mehr ab Seite 187).

Auch die Online-Bewerbung ist eine Kurzbewerbung. Beachten Sie dazu bitte das Kapitel „Die Online-Bewerbung“, ab Seite 167.

Interview

*„Das konnte auch nie was werden:
Ich selbst stand nie dahinter.“*

Langzeitstudent Harald (39) berichtet:

Mein Vater wollte immer partout, dass ich studiere. Ich bin in Frankreich aufgewachsen – und nach dem Abi 1984 direkt nach Darmstadt gezogen, wo ich Elektrotechnik angefangen habe. Einen Tag nachdem ich mein Vordiplom hatte, also nach den sechs Semestern Grundstudium, bin ich zur Französischen Armee eingezogen worden. Das hieß erst mal zwölf Monate Wehrdienst.

Als ich anschließend zurück nach Darmstadt bin, hat es sich sehr in die Länge gezogen, bis ich mich überhaupt wieder eingefunden habe: Was das Studium anging, aber auch persönlich.
Das hing auch mit meiner Herkunft zusammen. Dazu muss ich sagen, dass ich immer irgendwie zwischen den Nationalitäten stand: In Frankreich war ich der Deutsche (meine Eltern sind deutsch), in Deutschland war ich der Franzose. Beim französischen Wehrdienst hab ich mich zum ersten Mal „richtig“ als Franzose gefühlt. Ich wusste damals gar nicht, was ich wollte. Eigentlich wäre ich lieber in Frankreich geblieben ..., aber eben nicht bei der Armee.

Ich war nach meiner Rückkehr zwar immatrikuliert, habe aber eigentlich immer gejobbt und Leute kennen gelernt. Aber hinsichtlich des Studiums habe ich nie gewusst, was ich wirklich will. Denn eigentlich war es der Wunsch meines Vaters, dass ich studiere. Er hatte auch selbst Elektrotechnik studiert. Ich stand selbst nie dahinter. Deshalb konnte das auch nie was werden.

Das ging dann zwei bis drei Jahre so dahin. Für das Wissen selbst habe ich immer viel gemacht: Die praktische Seite hat mir sehr zugesagt. Ich habe einige Praktika gemacht, in Frankreich, München, Darmstadt. Und auch die praktische Arbeit an der Uni. Das hat mich interessiert. Da war ich auch immer sehr gut. Die theoretischen Aspekte waren eigentlich auch okay. Dass ich keinen Antrieb hatte, um das durchzuziehen, war – glaube ich – hauptsächlich, weil es nicht meine Entscheidung und nicht wirklich meine Sache war.

Regelstudienzeit war damals übrigens zehn Semester, das haben aber nur drei bis vier Prozent erreicht. Üblich waren 14 Semester. Ich habe 20 gebraucht. Abgeschlossen habe ich zwar, aber nur mit extremer Anstrengung.

Es war, gerade am Ende, sehr schwierig, weil die Lust aufs Studium bei mir schon im negativen Bereich war, also nicht mal mehr Null. In dem Moment habe ich dann auch noch meine zwei letzten schriftlichen Prüfungen vergeigt. Ich musste dann mündlich nachholen und habe dadurch einen vollen Monat für meine Diplomarbeit verloren. Statt drei Monaten hatte ich dafür dann nur noch zwei Monate Zeit. Entsprechend ist meine Note.

Im Nachhinein kann ich anderen nur raten: Werdet Euch klar darüber, was Ihr wollt. Sich die Mühe machen, über sich selbst und die eigenen Bedürfnisse nachzudenken: Das ist so wichtig!

4. Die Online-Bewerbung

Sich übers Internet zu bewerben ist mittlerweile gang und gäbe. Die vier Varianten sind:

- Online-Jobbörsen
- Firmen-Homepages
- E-Mail-Bewerbung
- eigene Bewerber-Homepage

Der virtuelle Stellenmarkt ist im Wachsen. Und er bietet sowohl Firmen als auch Bewerbern ganz neue Chancen. Der Bewerber hat bei der Online-Bewerbung einige Vorteile:

- Er demonstriert Fortschrittlichkeit und Vertrautheit mit den neuen Medien.
- Er hebt sich von den „üblichen" Bewerbungen ab.
- Die Bewerbung selbst ist nicht so kostenintensiv wie das Verschicken von Unterlagen per Post.
- Die Bewerbung ist praktisch sofort beim Unternehmen.

Das Unternehmen kann kostengünstiger potenzielle neue Mitarbeiter ansprechen, die Stelle und das Unternehmen ausführlicher beschreiben. Und bekommt schneller Reaktionen von interessierten Kandidaten.

Dennoch ist der virtuelle Stellenmarkt nicht das Nonplusultra. Die elektronischen Möglichkeiten sind vielfältig, und doch gibt es – wie überall – auch Nachteile. In diesem Kapitel erfahren Sie detailliert, was es bei einer Online-Bewerbung zu beachten gilt, damit Sie diese Variante der Bewerbung auch optimal für sich nutzen können.

Online-Jobbörsen

Jobbörsen im Internet schießen wie Pilze aus dem Boden: Es gibt universelle Online-Stellenmärkte, die alle Branchen und Positionen einschließen, und daneben eine Fülle von Jobbörsen, die auf bestimmte Branchen oder Positionen spezialisiert sind.

Geben Sie einfach in einer Suchmaschine den entsprechenden Begriff (Jobbörse, Online-Stellen, Stellenmarkt ...) ein und Sie können sich beliebig durchklicken. Außerdem gibt es eigene Service-Seiten, die diverse Stellenmärkte und Firmen-Homepages für Sie durchsuchen.

Genau hinsehen!
Nicht jeder Stellenmarkt hält, was er verspricht: Sehen Sie sich den Anbieter genau an, stöbern Sie in den Stellenangeboten, damit Sie einen Eindruck von den Inserenten erhalten. Lesen Sie, was die Betreiber des Stellenmarktes über sich, ihre Ziele und Ansprüche schreiben. Rufen Sie ruhig an und lassen Sie sich die Vorgehensweise genauer erklären: Wie aktuell sind die Stellenangebote? Wie sind die Erfolgschancen? Natürlich ist es nicht die übliche Vorgehensweise, telefonisch Auskunft einzuholen, Sie bekommen so aber unmittelbar einen Eindruck von dem Unternehmen und können sich aus der Masse der Anbieter gezielt diejenigen raussuchen, die auf Sie den besten und vielversprechendsten Eindruck machen.

Achtung: Die Größe allein sagt noch lange nichts über die Qualität aus. Nehmen Sie also nicht an, dass eine Masse an Angeboten automatisch zu guten Ergebnissen führt. Manche Stellenmärkte sind groß, weil veraltete oder doppelte Stellenangebote die Datenbank aufblähen.

Interview

Oliver Wilken, jobrobot.de, eine Suchmaschine für Stellenanzeigen im Netz, Hamburg, über Jobbörsen im Internet:

Auf der Suche nach geeigneten Mitarbeitern entdecken zahlreiche Unternehmen zunehmend die Vorteile des Internets und platzieren – häufig parallel zu Stellenanzeigen in Printmedien – auch Online-Jobangebote in den inzwischen zahlreichen Internet-Jobbörsen. Über 100 Anbieter alleine im deutschsprachigen Internet mühen sich, Bewerber und Unternehmen zusammenzuführen, und haben hierzu verschiedene Dienste entwickelt.

Online-Stellenanzeigen
Die meisten Jobbörsen bieten die Möglichkeit, in einer Jobdatenbank nach Stellenanzeigen zu recherchieren. Häufig kann man die Stellenanzeigen bereits im Vorfeld nach Themen- und Berufsfeldern, Einsatzorten und gesuchten Qualifikationen sortieren, sodass nur noch die Angebote angezeigt werden, die auch tatsächlich zum Bewerber passen.

Online-Firmenprofile
Neben Stellenanzeigen finden sich in vielen Jobbörsen auch Unternehmensprofile und -beschreibungen, häufig gekoppelt an entsprechende Stellenanzeigen. So kann sich der Bewerber schnell und direkt wichtige Informationen für die Bewerbung herausziehen, sich zugleich über die jeweiligen Ansprechpartner informieren und sich einen Eindruck über das Unternehmen und seine Produkte und Dienstleistungen verschaffen.

Veröffentlichung von Online-Stellengesuchen
Viele Jobbörsen bieten gleichzeitig auch den umgekehrten Weg: Der Bewerber veröffentlicht ein eigenes Qualifikationsprofil, interessierte Unternehmen recherchieren in der Bewerberda-

tenbank nach geeigneten Mitarbeitern und nehmen dann bei Interesse mit Ihnen Kontakt auf.
Während manche Jobbörsen nur einige kurze Infos abfragen, wünschen sich andere Anbieter äußerst detaillierte Informationen zu Ihrem Lebenslauf, Ihren Qualifikationen, Ihren Wünschen und anderen Kleinigkeiten. Je mehr Sie über sich preisgeben, desto eher kann man sich auch ein Bild von Ihnen machen. Nutzen Sie die Gelegenheit, vor allem ausgiebig über Ihre Qualifikationen und Kenntnisse zu informieren.
Sie sollten sich zudem gut überlegen, welche rein persönlichen Informationen Sie zu veröffentlichen bereit sind. Insbesondere wenn Sie sich noch in einem Arbeitsverhältnis befinden und sich möglichst unbemerkt nach einem neuen Job umschauen, ist es sicherlich keine gute Idee, Ihren vollen Namen und Ihre private oder sogar die berufliche E-Mail-Adresse hier zu hinterlegen.
Ein Tipp: Bereiten Sie Ihren Bewerbungstext in aller Ruhe vor und speichern Sie ihn zum Beispiel als Textdatei oder Worddokument. Erst dann besuchen Sie die von Ihnen bevorzugten Jobbörsen und kopieren Ihren Bewerbungstext einfach in die entsprechenden Felder. So sparen Sie Zeit und Nerven und können zudem sicher sein, bei Ihrem Gesuch nichts Wesentliches zu vergessen.
In der Regel müssen Sie einen Titel oder eine Bezeichnung für Ihr Gesuch festlegen. Auch im Internet zählt der erste Eindruck. Wählen Sie deshalb als Überschrift eine sachliche und aussagekräftige Bezeichnung und vermeiden Sie Formulierungen wie „Mich brauchen Sie unbedingt!“, „Steuerfachgehilfin räumt auf!!!“.
Achten Sie auch auf eine einheitliche und korrekte Rechtschreibung – die Tastatur eines Computers verführt schnell zu einer allzu flapsigen Ausdrucksweise.

Gerade Studienabbrecher oder Langzeitstudenten fühlen sich unter Umständen nicht ganz wohl dabei, ihren Lebenslauf in vorgefertigte Felder einzutragen. Häufig liegt bei dieser schematischen Eingabe der Gedanke nahe, dass man ohne geradlinigen Lebenslauf nichts „gilt".

Bei vielen Online-Stellenmärkten können Sie neben der üblichen Feld-Eingabe Ihres Werdegangs auch einen Freitext eingeben: Achten Sie hier auf eine interessante Überschrift und eine gute, neugierig machende Eigenpräsentation. Das Freitext-Feld erfüllt in diesem Fall den Zweck des Anschreibens, nur dass Sie viel weniger Platz haben und nicht auf ein Unternehmen speziell eingehen können.

Oft machen Bewerber hier den Fehler, zu sehr von sich auszugehen – und dann kommt ein „ich-will-ich-will-ich-will-Text" dabei heraus, der einen Personalentscheider nicht interessiert. Denn dieser möchte ein Bild davon bekommen, ob der Inserent geeignet ist, und nicht einen Wunschzettel lesen. Überlegen Sie sich stattdessen, welche Ihrer Eigenschaften und welche Aspekte Ihres fachlichen Könnens beziehungsweise Ihrer Erfahrung für die angestrebte Position vorteilhaft sind, und heben Sie diese hervor. Grundlegende Anregungen dazu finden Sie auch im Abschnitt „Anschreiben", ab Seite 105.

Firmen-Homepages

Eine Firma, die eine eigene Homepage hat, listet in der Regel auch offene Stellen auf. Wenn Sie also ein bestimmtes Unternehmen ins Auge fassen, lohnt es sich, dessen Internetauftritt unter die Lupe zu nehmen und nachzusehen, ob momentan eine Position angeboten wird, die Sie interessiert.

Manche – besonders große – Firmen haben ihre Bewerbungsverwaltung fast komplett auf elektronische Wege umgestellt. So ist auf den entsprechenden Unternehmenswebsites eine Bewerbung ausschließlich per Bewerberformular möglich: Dieses Formular geht direkt in die Bewerbungssoftware des Unternehmens über. Dort lässt sich nicht nur der Weg einer Bewerbung genau nachvollziehen, sondern es werden auch weitere Aspekte des Bewerbungsprozesses elektronisch abgewickelt (z. B. Notizen zum Bewerber gemacht oder Zwischenbescheide erstellt).

Die Website einer Firma näher anzusehen lohnt sich für Sie auf vielfältige Weise:

- Sie erhalten ein klares Bild über das Unternehmen (Leistungen, Team, Philosophie …). Das gibt Ihnen nicht nur die Möglichkeit auszuloten, wie sehr Sie Position und Firma interessieren, sondern auch wichtige Informationen für Ihre Bewerbung zu sammeln.

- Sie können sich bereits mit Ansprechpartnern vertraut machen: Oft sind neben Funktion und Namen auch Fotos dabei. So finden Sie meist die direkte E-Mail-Adresse heraus und können eine E-Mail-Bewerbung gleich richtig adressieren.

- Sie erfahren, welche Form der Bewerbung das Unternehmen bevorzugt. Bitte machen Sie sich immer die Mühe, genau nachzulesen. Besonders größere Firmen geben oft sehr detaillierte Hinweise und Tipps, welche Angaben bei einer Bewerbung (auch Initiativ-Bewerbung) gewünscht sind. Sofern eine Firma ein eigenes Bewerbungs-Formular online zur Verfügung stellt, sollten Sie das auch verwenden.

In den heutigen Stellenanzeigen wird häufig die Website angegeben. Beschränken Sie sich aber bitte nicht auf die Unternehmen, von denen Sie Anzeigen sehen oder die Sie bereits kennen: Es gibt zahlreiche Firmen, die man nicht mit Namen kennt. Hier lohnt es sich, in Suchmaschinen nach Branchen zu suchen. Besonders hilfreich sind Mitgliedsunternehmen bei Branchen- und Berufsverbänden und Webverzeichnisse wie yahoo.de.

TIPP

Auch wenn auf einer Unternehmenswebsite aktuell keine Position ausgeschrieben ist, die Sie anspricht, lohnt sich eine Initiativ-Bewerbung.

Die E-Mail-Bewerbung

Sosehr sich die E-Mail-Bewerbung mittlerweile etabliert hat, so muss man doch betonen, dass Firmen sehr unterschiedlich damit umgehen: Viele Firmen akzeptieren beides: per E-Mail oder per Post. – Und es gibt natürlich auch Unternehmen, die mit einer E-Mail-Bewerbung nicht sehr viel anfangen können oder erst gar keine Internet-Affinität haben.

TIPP

Wenn es nicht ausdrücklich aus der Anzeige oder der Website der Firma hervorgeht, dass E-Mail-Bewerbungen möglich sind, ist es gut, sich telefonisch danach zu erkundigen. Bei dieser Gelegenheit können Sie auch direkt erfragen, wer die richtige Ansprechperson ist, wie die direkte E-Mail-Adresse lautet und in welchem Dateiformat Anlagen geschickt werden sollten.

Beachten Sie bitte auch, dass eine E-Mail-Bewerbung, die als Ausdruck und Loseblattwerk im allgemeinen Bewerbungsstapel landet, mit den „handfesten“ Bewerbungsmappen Ihrer Mitbewerber konkurrieren muss. Und selbst wenn natürlich der Inhalt den Ausschlag geben sollte, so ist es doch ganz natürlich, dass auch die Präsentation den allgemeinen Eindruck wesentlich mitbestimmt.

Die Bestandteile der E-Mail-Bewerbung

Eine E-Mail-Bewerbung besteht aus

- dem Anschreiben (= am besten die E-Mail selbst, nicht als Extra-Anlage),
- dem Lebenslauf (evtl. mit Foto) und,
- wenn relevant, einem Tätigkeitsprofil.

Natürlich ist es möglich, Zeugnisse und Zertifikate einzuscannen und mitzuschicken. Das sollten Sie jedoch nur machen, wenn Sie

- eine überschaubare Anzahl von Anlagen haben,
- diese in einwandfreier Qualität eingescannt und
- so bearbeitet und abgespeichert sind, dass die Dateien nicht zu groß sind (siehe auch ab Seite 178 „Die Anlagen“).

Oder wenn es ausdrücklich vom Unternehmen so gefordert ist. Üblich ist eine Kurzbewerbung.

Ihr E-Mail-Postfach

Das Internet ist ein schnelles Medium – und jeder, der damit arbeitet, hat sich daran gewöhnt, zügig Antwort zu erhalten. Hat man beim herkömmlichen Postweg immer noch ein oder zwei Tage „zugegeben“, so ist bei einer E-Mail klar, dass der Empfänger diese praktisch sofort erhält. Wer sich per E-Mail bewirbt, sollte also täglich seinen Posteingang prüfen.

Um sich per E-Mail zu bewerben, brauchen Sie übrigens weder einen eigenen Internetanschluss noch eine bereits vorhandene E-Mail-Adresse. Ob bei Bekannten, im Internetcafé, in Bibliotheken ... mittlerweile gibt es viele öffentliche Internetanschlüsse, die Sie kostenfrei oder günstig nutzen können. E-Mail-Adressen erhalten Sie ebenfalls ganz fix – und bei so genannten „Freemail Anbietern" kostenfrei (z. B. gmx.de, yahoo.de, web.de). Sie brauchen noch nicht einmal eine eigene E-Mail-Software, sondern können Ihre E-Mails bequem auf der Homepage des betreffenden Anbieters lesen, senden und abspeichern.

Eine seriöse E-Mail-Adresse ist wichtig. Absolut tabu sind Gag-Adressen (beautifulgirl@domain.com) und die E-Mail-Adresse Ihres aktuellen Arbeitgebers! Hört sich wie eine Selbstverständlichkeit an, oder? Und doch kommt es immer wieder vor. Bitte holen Sie sich für Bewerbungszwecke eine seriöse Mailadresse.

Das elektronische Anschreiben

Für das E-Mail-Anschreiben gilt natürlich genau das, was auch für die „Print"-Bewerbung gilt: kurz, knackig und aussagekräftig. Tabu sollte es sein, ausschließlich auf die Anlagen zu verweisen, also nach dem Motto „Hiermit bewerbe ich mich. Alles Weitere entnehmen Sie bitte den Anlagen". Machen Sie sich bitte immer die Mühe,

- Ihre fachliche Qualifikation,
- Ihre persönliche Qualifikation und
- Ihre Motivation für die Bewerbung

im Anschreiben in Worte zu fassen. (Details zum guten Anschreiben siehe ab Seite 105.)

Einige Besonderheiten bei der Bewerbung per E-Mail:

- Häufig nutzen wir E-Mails – privat und beruflich – für schnellen Informationsaustausch. Das Medium Internet ist hierbei mitunter sehr informell. Lassen Sie sich bitte dadurch nicht zu einem besonders lockeren Umgangston verleiten.

- Wählen Sie für Ihre elektronische Bewerbung eine Standard-Schrift (z. B. Arial, TimesNewRoman). Der Grund: Eine Schrift, die der Empfänger nicht auf seinem Computer installiert hat, wird durch eine andere Schrift ersetzt. Das kann dazu führen, dass es Ihr Layout „zerhaut".

- Umlaute und Sonderzeichen können im E-Mail-Verkehr Schwierigkeiten machen. Wenn man ganz auf Nummer sicher gehen möchte, kann man die Umlaute ä, ö, ü durch ae, oe, ue ersetzen und auch aus dem ß ein ss machen.
  Sofern Sie sich im deutschsprachigen Raum bewerben, sollte es allerdings in den meisten Fällen absolut in Ordnung sein, „normal" zu schreiben.

Der Empfänger
Schicken Sie Ihre Bewerbung nicht an eine allgemeine Adresse wie info@firma.de oder mail@firma.de (außer dies ist explizit so angegeben). Bei allgemeinen Postfächern kann es leider sein, dass Ihre Bewerbung nicht die richtige Stelle erreicht, im Nirwana verschwindet oder erst mit Verzögerung bei der richtigen Ansprechperson landet.

Besser ist es, auf der Internetseite nachzusehen, ob eine konkrete Ansprechperson für Bewerbungen genannt ist. Achtung: Bei größeren Firmen oder bei Personalvermittlern sind oft mehrere Personen zuständig und haben verschiedene Bereiche/Positionen unter sich aufgeteilt. Wenn Sie keine Angaben dazu finden, rufen Sie einfach das Unternehmen an und finden Sie die zuständige Person heraus.

Absolut tabu ist es, „Sammelbewerbungen" zu schicken – also eine Bewerbung, bei der in der Empfängerzeile gleichzeitig mehrere Firmen angeschrieben werden. Gleiches gilt natürlich für einen Sammelverteiler, bei dem die Empfänger nicht einzeln sichtbar sind. Eine Serienbewerbung, noch dazu eine, die gleichzeitig an mehrere Firmen geht, ist der sichere Todesstoß für eine Bewerbung.

Der Betreff

Aus der Betreffzeile Ihrer E-Mail sollte sofort und eindeutig hervorgehen, was der Zweck der E-Mail ist. Denken Sie daran, kurz und knackig zu formulieren, da die Betreffzeile möglichst vollständig beim Empfänger angezeigt werden sollte. Zum Beispiel so:

Bewerbung Vertriebsassistenz *oder*
Bewerbung Vertriebsassistenz/Anzeige SZ v. 04.10.2004

In letzterem Fall ist auch untergebracht, wie Sie von der freien Position erfahren haben. Auch wenn die Betreffzeile nicht komplett im Mailprogramm des Empfängers angezeigt ist, so kommt die Information beim Aufklicken der E-Mail dennoch vollständig an.

Wenn die E-Mail-Adresse allgemeiner gehalten ist, zum Beispiel info@firma.de, Sie aber den Empfängernamen kennen, dann fügen Sie diesen am besten bereits im Betreff mit ein:

für Peter Huber: Bewerbung Vertriebsassistenz

Damit ist es etwas wahrscheinlicher, dass die Bewerbung auch den richtigen Empfänger erreicht.

Die Signatur
Sie kennen die Signatur sicherlich von Firmen-E-Mails: Es handelt sich dabei um die Kontaktdaten, die am Ende einer E-Mail noch einmal komplett angegeben sind. Auch für Ihre Bewerbung ist so eine Signatur sehr hilfreich. Sie erleichtert dem Personalentscheider, Kontakt mit Ihnen aufzunehmen. Setzen Sie die Signatur am besten etwas vom Text ab – Sie können sie mit Strichen oder Sternchen optisch zusätzlich abheben. Geben Sie sämtliche Kontaktdaten an, über die das Unternehmen Sie erreichen kann.

****
Gitte Härter
St.-Cajetan-Straße 10, 81669 München
Tel. (0 89) 40 90 69 61
E-Mail: gitte@selbstmarketing.de
****

Übrigens: Bei den meisten E-Mail-Programmen können Sie eine Signatur einmal fest eingeben. Außerdem können Sie diese standardmäßig an jede E-Mail anhängen lassen oder individuell auf Knopfdruck einfügen.

Die Anlagen

Wie erwähnt, enthält die E-Mail-Bewerbung in der Regel einen Lebenslauf und, so es sinnvoll ist, ein Tätigkeitsprofil (siehe Seite 146). Bei den Anlagen gibt es einiges zu beachten. Sie möchten ja einen guten Eindruck hinterlassen und dem Empfänger auf keinen Fall das Leben schwer machen. Klassische Fehler bei E-Mail-Anlagen sind:

- Sie sind viel zu groß und brauchen sehr lange beim Download.
- Sie sind in einem Dateiformat, das der Empfänger nicht öffnen kann.

TIPP

Checken Sie Anlagen immer mit einem aktuellen Virenscanner! Dabei ist zu beachten, dass jeden Tag neue Viren in Umlauf kommen – wenn Ihr letztes Update einige Wochen her ist, nützt Ihnen der Viren-Check schon nicht mehr viel.

Dateiformate

Denken Sie daran, dass nicht jedes Dateiformat vom Empfänger gelesen werden kann. Übliche Formate sind beispielsweise:

*.doc (Word-Dokumente)
*.pdf (Portable-document-Format)
*.txt (Text-Dateien)
*.rtf (Rich-text-Format)

Für manche Dateiformate wird eine spezielle Software benötigt. Für PDF-Dateien zum Beispiel braucht man den Acrobat Reader – dieser kann zwar kostenfrei im Internet heruntergeladen werden, doch sollte man nicht automatisch davon ausgehen, dass der Empfänger die Software installiert hat beziehungsweise sich die Mühe macht, sie extra herunterzuladen.

Bei anderen Formaten ist es wichtig, dass die Software-Versionen harmonieren (hat der Empfänger eine ältere Version einer Software, kann das dazu führen, dass der Anhang sich nicht öffnen lässt). Formate wie txt oder rtf sind von allen Textverarbeitungsprogrammen lesbar – teilweise sind jedoch die Möglichkeiten im

Layout eingeschränkt. Gut ist es, sich bei dem Unternehmen zu erkundigen, welche Dateiformate erwünscht sind. So verbauen Sie sich keine Chancen, etwa weil der Empfänger Ihre Anhänge nicht lesen kann.

Dateigröße

Es wurde bereits kurz angesprochen: Achten Sie unbedingt darauf, dass Ihre Dateianhänge nicht viel zu groß ausfallen.

Eine normale Textdatei ist sehr klein. So benötigt zum Beispiel ein zweiseitiger Lebenslauf 25 KB. Häufig machen Bewerber aber den Fehler, ihr Foto nicht ordentlich zu komprimieren. Dann kann es schnell mal passieren, dass ein Lebenslauf alleine plötzlich über 1 MB groß ist.

Richtwert

Wenn Sie unbedingt sämtliche Dokumente beifügen möchten (Lebenslauf, Foto, Tätigkeitsprofil, eingescannte Zeugnisse und Zertifikate), dann sollte die Gesamtgröße Ihrer E-Mail auf keinen Fall 500 KB überschreiten!

Beachten Sie, dass dieser Richtwert für unkomprimierte Dateien gilt. Bitte benutzen Sie nicht einfach ein Komprimierungsprogramm wie WinZip. Abgesehen vom Dateiumfang ist auch hier nicht ohne weiteres davon auszugehen, dass der Empfänger die entsprechende Software benutzt.

Foto

Auch bei der E-Mail-Bewerbung können Sie selbstverständlich ein Foto beifügen – am besten integrieren Sie es in den Lebenslauf. Ein gängiges Format für Fotos ist beispielsweise: *.jpg

Bitte nutzen Sie ein Bildbearbeitungsprogramm dazu, Ihr eingescanntes Foto zu optimieren:

- Sie können die Auflösung verringern (z. B. auf 96 dpi).
- Wenn Ihre Vorlage größer ist als nötig, dann verkleinern Sie das Bild in der Bildbearbeitungssoftware, anstatt es einfach im Lebenslauf „kleinzuziehen".
- Verringern Sie die Anzahl der Farben (allerdings nur so weit, dass die Qualität nicht leidet).
- Und komprimieren Sie das Foto (beim JPG-Format wird Ihnen die Möglichkeit geboten, einen Komprimierungsgrad auszuwählen).

Wenn Sie sich mit der Optimierung Ihres Bildes nicht auskennen, bitten Sie am besten Bekannte, die damit vertraut sind, oder externe Dienstleister, das einmalig für Sie zu erledigen.

Zeugnisse und Zertifikate

Wenn Sie eingescannte weitere Anlagen beifügen möchten, achten Sie bitte darauf, dass die Anlagen alle für das Unternehmen relevant sind und ihre Anzahl im Rahmen bleibt. Schicken Sie also nicht etwa jedes Zertifikat mit, das Sie jemals bei irgendeiner Weiterbildung bekommen haben.

Es gilt nach wie vor: In der Regel sollte eine E-Mail-Bewerbung lediglich den Lebenslauf und gegebenenfalls ein Tätigkeitsprofil enthalten. Ihre kompletten Unterlagen können Sie entweder auf einer (passwortgeschützten) Bewerberhomepage zur Verfügung stellen oder per Post nachreichen.

Ihre eigene Bewerber-Homepage

Sie haben auch die Möglichkeit, Ihre Bewerbungsunterlagen vollständig ins Netz zu stellen. Dabei gibt es zwei Varianten:

- Sie erstellen eine eigene Bewerber-Homepage.
- Sie nehmen entsprechende Dienstleister in Anspruch, die sich auf Bewerber-Websites spezialisiert haben.

Das Umfeld und die Optik Ihrer Bewerber-Homepage färbt auf Sie ab: positiv oder negativ – unabhängig davon, ob es sich nun um eine von Ihnen selbst erstellte Page handelt oder um das Standard-Layout eines entsprechenden Dienstleisters. Vermeiden Sie „Halli-Galli-Blink-Blink“: Alles was zu bunt ist, sich hektisch dreht und schrillt, ist kontraproduktiv. Außerdem brauchen Sie eine gute Benutzerführung und optimale, also möglichst kurze Ladezeiten.

Wenn Sie sich für einen Provider entscheiden, der Ihnen eine Standard-Bewerbersite anbietet, sehen Sie sich das Umfeld genau an. Nur weil jemand sagt, er sei Spezialist, heißt das nicht, dass er auch gut ist. Manche entsprechenden Dienstleister haben grauenhafte Seiten: Und wer sich schlecht präsentiert, verschlechtert seine Erfolgschancen. Checken Sie also ab: Wie tritt der Provider selbst auf? Wie sind die Optik und die Inhalte seiner Seite? Wie fundiert verkauft er seinen Service? Sehen Sie sich Musterbewerbungen an.

Achten Sie auch unbedingt darauf, dass Passwortschutz möglich ist, denn immerhin stellen Sie sehr persönliche Daten online zur Verfügung. Wichtig ist jedoch, dass Sie die Zugangsdaten simpel halten und vor allen Dingen dem Empfänger direkt zur Verfügung stellen – nicht etwa die Hürde einbauen, dass Interessenten sich erst bei Ihnen melden und Zugangsdaten anfordern müssen.

Unsere jahrelange Erfahrung mit Bewerber-Homepages zeigt, dass diese in den meisten Fällen nicht sehr viel Sinn machen. Hauptgrund ist der im Bewerbungsprozess wichtige Grundsatz, es dem Empfänger Ihrer Bewerbung möglichst einfach zu machen, an alle relevanten Informationen zu kommen. Eine Bewerber-Homepage bedeutet einen Mehraufwand für den Empfänger. Von daher ist es auf jeden Fall wichtig, dass Sie den Kontakt per aussagekräftiger E-Mail-Bewerbung herstellen: Das heißt, Ihre Bewerbung sollte auf jeden Fall neben dem inhaltsreichen und individuellen Anschreiben die Elemente einer Kurzbewerbung (Lebenslauf, ggf. Tätigkeitsprofil) enthalten. Wenn Sie darüber hinaus ergänzende Informationen in elektronischer Form zur Verfügung stellen und einen Link zu Ihrer Website ergänzen möchten, dann ist das in Ordnung. Ungut ist es jedoch – und das sehen wir in der Praxis leider häufig –, lediglich ein kurzes Anschreiben mit einem Querverweis auf die Website zu verschicken.

Weitere klassische Fehler – neben einem kontraproduktiven Layout – sind:

- Auf der Website steht ein serienbriefmäßiges Anschreiben als Begrüßung.
- Die Bewerber-Homepage enthält dieselben Informationen, die bereits übermittelt wurden.
- Etwaige Anlagen sind in zu großen Dateien gespeichert und für den Druck nicht ordnungsgemäß formatiert.
- Die Website wird beruflich und privat genutzt, und es befinden sich dort auch Informationen oder Fotos sehr persönlicher Natur (Partyfotos, Witzesammlungen etc.).
- Kostenfreier Webspace wird oft über Werbebanner finanziert, die der Seitenbetreiber nicht steuern kann. So kann es passieren, dass ständig Werbe-Pop-ups aufgehen oder dass für zweifelhafte Produkte geworben wird.

Fazit
Prüfen Sie in jedem Einzelfall, ob die Online-Bewerbung für Sie sinnvoll ist. Wenn Sie im Zweifel darüber sind, ob das Unternehmen den elektronischen Weg begrüßt, fragen Sie dort telefonisch nach.
Auch wenn die erste Kontaktaufnahme mit einem Unternehmen online erfolgt: Halten Sie immer eine vollständige Bewerbungsmappe bereit. Es kann sein, dass ein Unternehmen Sie bittet, eine „herkömmliche“ Mappe nachzureichen oder alle Unterlagen vollständig zu einem Gespräch mitzubringen.

Interview

„Rückblickend lag der Fehler in der Wahl des Studienfachs.“

Diana, 35, „Studienausschleicherin“, berichtet:

Studieren wollte ich eigentlich immer. Meine Eltern – ich stamme aus einer Arbeiterfamilie – setzten meinem Wunsch, aufs Gymnasium zu gehen und später zu studieren, heftigen Widerstand entgegen. Das Studium stand für mich für die Befreiung vom Elternhaus – was ich studieren wollte und was ich später damit anfangen könnte: Darüber machte ich mir nicht viele Gedanken.

Ich entschied mich für Literaturwissenschaft und Philosophie – in diesen Fächern fühlte ich mich sicher. Aufgrund der mangelnden Unterstützung seitens meines Umfeldes meine einzige Sicherheit. Die Wohnungsnot entschied den Studienort: Ich landete an der Uni Bielefeld (ursprünglich wollte ich in Tübingen studieren). Es eröffnete sich mir endlich eine ganz neue Welt.

Nach dem Grundstudium begann ich mir zum ersten Mal Gedanken über die Zukunft zu machen. Die Geisteswissenschaften bereiten nicht auf ein definiertes Berufsbild vor – und der MA ist kein sonderlich anerkannter Abschluss. Außerdem war ich vom geforderten Pensum auch nicht so weit gekommen, dass ich einen Abschluss hätte machen können. Ich investierte viel Zeit und Energie ins Studium, gestaltete und gab auch selbst Seminare, machte aber keine Scheine. Nach zehn Semestern endete die BAföG-Förderung, und ich musste mir einen Job suchen, der mich auf Dauer finanzieren konnte. Jobs an der Uni waren nur befristet und begrenzt verfügbar. So kam ich zum Callcenter.

Nach drei Monaten als Agent wurde ich Supervisorin. Im Rahmen eines internen Assessment-Centers kristallisierte sich meine Befähigung für Recruitment und Personalauswahl heraus. Das Callcenter besaß zu diesem Zeitpunkt noch keine Recruitmentabteilung – zusammen mit dem Leiter Training und Consulting baute ich sie auf.

Im Zuge dessen bot man mir eine unbefristete Vollzeitstelle an – ich musste nicht lange nachdenken. Letzten Endes hatte ich natürlich auch Glück. Im Callcenter machten in den 90ern viele Studienabbrecher Karriere, die Branche verlangte keine Zertifikate und gradlinigen Lebensläufe – wenn man willens und fähig war, sich schnellstens und eigenständig einzuarbeiten und 18-Stunden-Tage in Kauf zu nehmen.

Die Uni rückte so immer mehr in den Hintergrund, irgendwann habe die Studiengebühr nicht mehr bezahlt und wurde „zwangsexmatrikuliert“. Für mich war es nie wichtig, dass ich keinen Abschluss habe. Mein Umfeld war in dieser Richtung auch immer sehr positiv, und da war das nie ein Thema, erst recht kein Hindernis.

Wenn ich rückblickend eine falsche Entscheidung getroffen habe, dann war es die Wahl des Studiums. Hier hätte ich mich mit mehr Ruhe und Rückhalt wohl für Jura entschieden. In meiner weiteren Karriere hat es auch nie eine Rolle gespielt, dass ich das Studium nicht abgeschlossen habe. Wenn ich weiterempfohlen werde, dann stehen immer meine Person und meine fachliche Erfahrung im Vordergrund.

Ich habe in den vergangenen Jahren zwei Callcenter-Standorte personell aufgebaut und als Personalreferentin beziehungsweise -leiterin begleitet. Seit 2000 bin ich selbstständige Personalberaterin.

5. Das Bewerbungsgespräch

Das Gespräch ist nach der schriftlichen Bewerbung die große Chance, sich selbst zu präsentieren, sich mit all seinen Fähigkeiten und Kompetenzen gut zu verkaufen und sich als Persönlichkeit greifbar zu machen. Papier ist ja bekanntlich geduldig, und hinter zwei beeindruckenden Bewerbungsmappen können sich zwei ganz unterschiedliche Persönlichkeiten verbergen, von denen die eine vielleicht sehr gut ins Unternehmen passt und die andere weniger. Genau das herauszufinden, sich ein klares Bild von den Menschen zu machen, die hinter den Bewerbungsmappen stecken, sie „live“ zu erleben und möglichst viel direkt über sie zu erfahren, das ist Sinn und Zweck von Bewerbungsgesprächen. Die Unternehmen wollen Folgendes über Sie als Bewerber erfahren:

- Sind Sie angemessen qualifiziert, um gut in dem Job zu sein?
- Wie viel Interesse, Motivation und Energie bringen Sie mit und wie viel Engagement ist von Ihnen zu erwarten?
- Welche Erwartungen, Vorstellungen und Ziele haben Sie?
- Wie lernfähig, lernbereit und offen sind Sie?
- Wie sieht es mit Ihren sozialen Kompetenzen aus?
- Stimmt die Chemie, passen Sie ins Unternehmen und ins Team?
- Inwiefern sind Sie eine Bereicherung für die Firma?

In Ihrem speziellen Fall sind die Unternehmensvertreter auch sehr stark an Ihrem Lebenslauf interessiert und wollen herausfinden

- warum Sie Ihr Studium abgebrochen beziehungsweise warum Sie so lange dafür gebraucht haben,
- wie Sie mit diesem Thema umgehen,
- ob Sie dieses „Manko“ durch Ihre Persönlichkeit überzeugend wettmachen können und

- wie intensiv Sie sich auf den Schritt ins Berufsleben vorbereitet haben.

Ihre Ziele als Bewerber sind keineswegs konträr zu denen des Unternehmens. Schließlich wollen Sie nicht nur irgendeinen Job in irgendeiner Firma, sondern eine Aufgabe, die Ihren Fähigkeiten entspricht (Sie weder über- noch unterfordert), die interessant ist und Ihnen Freude bereitet, in der Sie sich gefordert fühlen und sich weiterentwickeln können. Und das in einem Ambiente, das zu Ihnen passt.

TIPP

Lassen Sie sich nicht zu der Annahme verleiten, Sie müssten aufgrund Ihres Studienverlaufes froh sein, überhaupt Arbeit zu bekommen. Wenn Sie unüberlegt handeln und den erstbesten Job annehmen, ist das Risiko sehr groß, dass Sie damit nicht glücklich werden und sich vielleicht bald nach etwas Neuem umsehen (müssen). Das bedeutet einen weiteren Abschnitt in Ihrem Lebenslauf, für den Sie geradestehen müssen. Und je mehr falsche Entscheidungen Sie zu vertreten haben, umso stärker geraten Sie unter Druck und umso schwieriger wird es für Sie.

Suchen Sie lieber etwas länger und erhöhen Sie so die Chancen, eine langfristige und erfüllende Aufgabe zu finden. Nutzen Sie also das Gespräch, um

- herauszufinden, ob der Job und das Unternehmen wirklich zu Ihnen passen;
- sich selbst gut, souverän und authentisch zu präsentieren, Profil zu zeigen und einen positiven Eindruck zu hinterlassen und
- durch Ihren Auftritt davon zu überzeugen, dass Sie aufgrund Ihrer Fähigkeiten, Potenziale und Ihrer Persönlichkeit ein vielversprechender Kandidat für das Unternehmen sind.

Ein Bewerbungsgespräch ist immer eine Ausnahmesituation und eine große Herausforderung. Schließlich werden hier die Weichen für Ihr berufliches Vorankommen und Ihr weiteres Leben gestellt. Viele Bewerber meinen, selbst ziemlich wenig zum Ausgang eines solchen Gespräches beitragen zu können, da dieses vollkommen von den Vorstellungen und Entscheidungen der Unternehmen abhängt. Natürlich entscheidet sich das Unternehmen aufgrund der gesammelten Informationen und gewonnenen Eindrücke für oder gegen einen Kandidaten. Und genau um diese Informationen und Eindrücke geht es: Denn wie Sie rüberkommen und was Sie über sich sagen, das liegt vollkommen in Ihrer Hand.

Hier bewahrheitet sich wieder der schöne alte Spruch „Ohne Fleiß kein Preis". Um sich im Gespräch gut zu bewähren und Ihre Ziele zu erreichen, müssen Sie auch etwas investieren. Die Voraussetzungen dafür, dass Sie Ihre Potenziale ausschöpfen können, sind:

- eine fundierte und gute Vorbereitung, um selbstbewusst aufzutreten und souverän mit allen Themen und Fragen umzugehen (siehe ab Seite 27)
- effizienter Umgang mit Nervosität, um sich nicht selbst zu blockieren (dazu mehr ab Seite 192)
- Authentizität, Offenheit und Ehrlichkeit
- echtes Interesse am Gespräch, am Interviewer und am Unternehmen
- Freundlichkeit und gute Umgangsformen

TIPP

Zeigen Sie sich von Ihrer besten Seite. Ein Ziel im Bewerbungsgespräch sollte sein, auf jeden Fall einen positiven und angenehmen Eindruck zu hinterlassen. Auch dann, wenn Sie bald feststellen, dass die Aufgabe oder das Unternehmen nicht das Richtige für Sie sind.

Ein guter Gesprächspartner zu sein bedeutet:

- Hören Sie aufmerksam und mit Interesse zu.
- Halten Sie Blickkontakt.
- Lassen Sie den Interviewer ausreden.
- Lassen Sie sich auf einen Dialog ein und antworten Sie ausführlich.
- Seien Sie freundlich und höflich.
- Fragen Sie nach, wenn etwas nicht ganz klar ist oder Sie mehr erfahren möchten.
- Notieren Sie sich Wichtiges: Nehmen Sie sich etwas zum Schreiben mit und sagen Sie dem Interviewer, dass Sie sich Notizen machen möchten. Das kommt gut an, weil Sie so Ihr Interesse an dem Gespräch untermauern und beweisen, dass Sie ein sorgfältiger Mensch sind.

Wie läuft so ein Gespräch ab?

Natürlich hängt es ganz vom jeweiligen Unternehmen ab, wo, wie und mit wem ein Bewerbungsgespräch über die Bühne geht. Die Palette der Möglichkeiten ist breit: vom standardisierten und klar strukturierten Gespräch in einem Besprechungsraum der Firma oder im Büro des Unternehmensvertreters bis hin zum lockeren Dialog und Kennenlerngespräch in einer Kneipe.

In Großunternehmen werden die Bewerbungsgespräche üblicherweise von Vertretern der Personalabteilung geführt – oft gemeinsam mit dem Leiter der entsprechenden Fachabteilung. Je nach Aufgabe und Position gibt es mehrere Gespräche – unter vier Augen oder in der Gruppe – mit den unterschiedlichsten Unternehmensvertretern. In kleineren und mittelständischen Unternehmen werden die Bewerber häufig vom Chef selbst interviewt.

Je nach Größe und Firmenkultur gibt es nach dieser ersten Runde einen mehr oder weniger intensiven Austausch mit dem zukünftigen direkten Vorgesetzten oder dem gesamten Team. Vertreter von Start-up-Unternehmen – entweder der Chef selbst oder jemand aus dem Team – legen häufig weniger Wert auf Formalitäten und wollen die Bewerber in einer eher entspannten Atmosphäre schnell und intensiv kennen lernen.

Wie das Gespräch im Einzelnen abläuft, hängt jedoch in erster Linie von der Persönlichkeit des Interviewers ab. Und natürlich davon, welche Art von Dialog sich zwischen ihm und Ihnen als Bewerber entwickelt.

Trotz der großen Unterschiede und der vielen unvorhersehbaren Entwicklungen – ein Gespräch ist immer etwas Dynamisches, und ein Wort gibt das andere – kann man sagen, dass ein Interview prinzipiell aus folgenden Teilen besteht:

- Der Unternehmensvertreter stellt sich vor und erklärt, wie das Gespräch ablaufen wird.
- Der Bewerber stellt sich vor.
- Der Unternehmensvertreter stellt Fragen an den Bewerber.
- Der Bewerber stellt Fragen an den Unternehmensvertreter.
- Eventuell schließt sich eine Führung durch das Unternehmen/die Abteilung an.
- Man trifft eine Vereinbarung, wie es weitergeht.

Das bedeutet keinesfalls, dass alle Bewerbungsgespräche so und genau in dieser Reihenfolge ablaufen müssen. Es kann durchaus sein, dass der Interviewer mit all seinen Fragen beginnt. Oder dass Sie erst einmal eine Führung durch die Firma bekommen – sei es, weil sich der Gesprächstermin verzögert, sei es, um Ihnen die Nervosität zu nehmen.

TIPP

Wenn Ihnen eine Führung durch das Unternehmen angeboten wird, sollten Sie niemals ablehnen, sondern Augen und Ohren offen halten und so viele Eindrücke sammeln wie nur möglich. Hier sehen Sie wieder, wie wichtig eine gute Vorbereitung ist. Denn wenn Sie nicht wissen, worauf Sie Wert legen, wissen Sie auch nicht, worauf Sie achten sollen.

Bitte seien Sie flexibel und lassen Sie sich auf Ihr Gegenüber ein! Ein Bewerbungsgespräch lässt sich – wie jeder andere Dialog – nicht bis ins kleinste Detail planen. Wenn Sie gut vorbereitet und von sich selbst überzeugt sind, können Sie dadurch Souveränität und Flexibilität unter Beweis stellen. Und das sind zwei sehr wichtige und gefragte Qualitäten.

Mit der Nervosität besser umgehen

Keine Sorge: Dass Sie Aufregung und Nervosität verspüren, ist ganz normal. Vielleicht denken Sie, dass es Ihnen nur deshalb so geht, weil Sie diesen „Makel" im Lebenslauf haben. Das stimmt nicht. Jeder Bewerber ist aufgeregt, nervös und angespannt, weil jeder etwas zu gewinnen und zu verlieren hat. Hier passt der Vergleich mit einer Prüfungssituation: Auch der super vorbereitete Musterschüler ist nervös.

TIPP

Ihr eigentliches Ziel sollte nicht sein, Ihre Nervosität so gut wie möglich zu verstecken, sondern so schnell wie möglich ruhiger und entspannter zu werden, um sich nicht selbst zu blockieren und dadurch weit unter Ihren Möglichkeiten zu bleiben.

Hier etwas geistiges Rüstzeug, um die Aufregung niedrig zu halten:

- Mit Ihrer Aufregung und Nervosität sind Sie nicht allein. Und: Ein gewisses Maß an Angespanntheit ist durchaus anregend und steigert Ihre Leistungsfähigkeit und Energie, wovon Sie profitieren können.

- Denken Sie daran, dass Ihnen im Bewerbungsgespräch ein Mensch gegenübersitzt und keine entpersonalisierte Funktion, die nur auf das kleinste Anzeichen von Nervosität wartet, um Sie als nicht geeigneten Kandidaten zu entlarven! Der Personalentscheider hat eine Position zu besetzen und will herausfinden, ob Sie sich dafür eignen. Er weiß, dass Sie – wie alle Bewerber – aufgeregt sind und dass Nervosität blockiert und das wirkliche Kennenlernen einer Person erschwert. Deshalb wird ein guter Personaler Sie dabei unterstützen, lockerer zu werden.

- Sie haben sich sehr gut vorbereitet, wissen über sich selbst, Ihre fachlichen und persönlichen Qualitäten Bescheid und sind davon überzeugt. Sie haben nichts zu verbergen und können selbstbewusst und souverän über Ihren Studienabbruch oder Ihr langes Studium sprechen.

- Sie sind kein Bittsteller, sondern bewerben sich auf einen Job. Das Unternehmen sucht jemanden, der bestimmte Qualitäten aufweist, und Sie haben etwas anzubieten. Im Gespräch wollen Sie – genau wie das Unternehmen – herausfinden, ob eine sinnvolle und konstruktive Zusammenarbeit möglich ist und ob Sie auch persönlich zusammenpassen.

Doch positive Gedanken und Zuversicht alleine werden nicht ausreichen. Anspannung und Nervosität sind starke körperliche Phänomene, die Sie allerdings durch Ihr eigenes Verhalten sehr gut beeinflussen können. Im Folgenden einige Tipps, wie Sie Ihre Nervosität von Anfang an niedrig halten beziehungsweise schnell ruhig werden können.

Schaffen Sie stabile Grundlagen, damit Sie sich gut fühlen

- Schlafen Sie ausreichend, um Ihr ganzes Potenzial ausschöpfen zu können.

- Nehmen Sie sich Zeit und planen Sie Verzögerungen ein, damit Sie nicht abgekämpft und in letzter Minute zum Gespräch erscheinen, sondern möglichst ruhig und gelassen bleiben.

- Legen Sie Gesprächstermine immer so, dass Sie sich nicht abhetzen müssen. Wer also momentan irgendwo arbeitet, sollte nicht versuchen, schnell in der Mittagspause zu einem Interview zu laufen. Achten Sie darauf, generell nicht zu knapp zu kalkulieren: Wer öffentliche Verkehrsmittel benutzt, sollte sich vorher schlau machen und die Zeiten entsprechend darauf abstimmen.

Wenn Sie zu spät kommen
Jetzt ist es also passiert: Ihr Zug hat Verspätung, Sie stecken im Stau ... oder Sie haben morgens ganz einfach verschlafen. Bitte auf keinen Fall in Panik verfallen! Bleiben Sie ruhig und überlegen Sie: Wie ist die Lage? Werden Sie nur wenige Minuten zu spät kommen oder ist abzusehen, dass es eine deutliche Verspätung wird? Welche Möglichkeiten haben Sie?

- Wenn Sie mit einem Taxi die Verspätung aufholen können, gönnen Sie sich diesen Luxus (und lassen Sie sich eine Quittung für Ihre Steuererklärung geben).
- Wenn Sie sich nur wenig verspäten werden (bis zu zehn Minuten), gehen Sie mit diesem Bewusstsein ganz ruhig zu Ihrer Verabredung und entschuldigen Sie sich vor Ort.
- Verspäten Sie sich deutlich? Sofern Sie an ein Telefon kommen, rufen Sie bei dem Unternehmen an und sagen Sie Bescheid.

- Wenn Sie keine Möglichkeit haben, sich mit der Firma in Verbindung zu setzen, bleiben Sie möglichst ruhig und entschuldigen sich dann vor Ort.

Wichtig: Bitte akzeptieren Sie es, wenn Sie eventuell einen neuen Termin vereinbaren müssen, und zeigen Sie Verständnis dafür, wenn der Personalentscheider jetzt keine Zeit mehr für Sie hat.

- Vermeiden Sie aufputschende Mittel wie Kaffee, die Ihre Nervosität nur noch steigern.
  Am besten trinken Sie vor und während des Gespräches nicht zu viel, weil Sie sich sonst unwohl fühlen, wenn Sie plötzlich auf die Toilette müssen. Sofern das aber der Fall ist, fragen Sie Ihr Gegenüber bitte einfach nach der Toilette! Manchmal ist das Bewerbern peinlich ... völlig grundlos natürlich, denn jeder Mensch muss auf die Toilette. Versuchen Sie nicht, mit drückender Blase ein gutes Gespräch zu führen. Es wird nicht klappen.

- Wählen Sie Kleidung, in der Sie sich wirklich wohl fühlen.
  Das bedeutet, dass Sie sich dem Anlass entsprechend anziehen, sich aber nicht in einer Form herausputzen, die Ihnen so fremd ist, dass Sie sich unbehaglich fühlen. Auch neue Schuhe, die Sie zum ersten Mal beim Gespräch tragen, können sehr unangenehm sein. Dem Anlass entsprechend heißt: sauber und ordentlich gekleidet. Je nachdem, um welches Unternehmen und um welche Position es sich handelt, kann das mehr oder weniger formell sein.
  Grundsätzlich sollte nichts kneifen oder rutschen oder zu warm oder zu kalt sein. Ihre Kleidung darf Sie im Gespräch nicht unangenehm beschäftigen.

Nutzen Sie die Wartezeit aktiv, um ruhiger zu werden

- Nehmen Sie die Umgebung (Raum, Möbel, Stimmung, Licht, Menschen usw.) möglichst intensiv wahr. Konzentrieren Sie sich auf das Umfeld: So lenken Sie sich von Ihrer Nervosität ab und erfahren bereits einiges über das Unternehmen.

- Sprechen Sie mit Mitarbeitern, die sich in der Nähe befinden, falls Sie nicht stören. Der Nervositätspegel sinkt, sobald man aktiv etwas tut. Auch ist das ein erster Schritt, um mit der Umgebung vertraut zu werden.

TIPP

Nutzen Sie von Anfang an jede Gelegenheit, um möglichst viel über das Unternehmen, das Betriebsklima, die Mitarbeiter zu erfahren. Achten Sie darauf, wie die Leute miteinander umgehen, wie sie mit Kunden sprechen. Wie ist die Einrichtung, wie sind die Lichtverhältnisse? Sich auf all dies zu konzentrieren lenkt Sie von Ihrer Nervosität ab und verhilft Ihnen außerdem zu wichtigen Informationen, die Ihnen die Entscheidung für oder gegen die Stelle erleichtern.

- Konzentrieren Sie sich auf Ihre Atmung, vor allem auf das Ausatmen: Atmen Sie tief und regelmäßig ein und aus, sodass Sie spüren, wie sich Ihre Bauchdecke hebt und senkt. Lenken Sie Ihre Aufmerksamkeit auf den Atemrhythmus. Sie werden merken, dass Ihre Anspannung zwar nicht ganz verschwindet, aber doch deutlich zurückgeht.

Der erste Kontakt mit dem Interviewer

- Gehen Sie offen auf Ihr Gegenüber zu und schauen Sie dem Personalentscheider in die Augen. Ein fester Händedruck stärkt das eigene Selbstbewusstsein und kommt positiv beim anderen an.

- Lassen Sie sich auf einen Dialog mit Ihrem Gesprächspartner ein und beantworten Sie seine Fragen: Sprechen Sie über Ihre Anreise oder über die ersten Eindrücke, die Sie von dem Unternehmen gewonnen haben. Sobald man aktiv wird, lässt die eigene Anspannung sehr schnell nach.

- Wenn Sie wollen, sagen Sie ganz offen, dass Sie nervös sind. Es sei denn, Sie haben das Gefühl, dass das Gegenüber negativ darauf reagieren wird. Die meisten Personalentscheider können sich sehr gut in den Bewerber hineinversetzen, werten eine solche Äußerung als Offenheit und helfen Ihnen gerne dabei, schnell auf ein normales Anspannungsniveau zu kommen.

Alles, was Sie tun und lassen, wird von Ihrem Gesprächspartner wahrgenommen und zu einem Bild zusammengesetzt. Wenn Sie die oben genannten Ratschläge umsetzen, profitieren Sie auf zwei Ebenen: Erstens kriegen Sie Ihre Nervosität leichter in den Griff. Und zweitens signalisieren Sie von Anfang an, dass Sie selbstbewusst, aktiv, offen und kommunikativ sind.

Arbeiten Sie im Gespräch darauf hin, die Nervosität ganz loszuwerden

- Nehmen Sie ruhig alle Hilfsangebote Ihres Gesprächspartners dankbar an, um so schnell wie möglich ruhig zu werden. Das sind: Smalltalk über das Wetter oder die Anfahrt, das Angebot, etwas zu trinken zu bekommen, oder auch eine Führung durch die Firma.

- Sitzen Sie aufrecht und mit beiden Füßen am Boden. Die Körperhaltung beeinflusst ganz wesentlich, wie stark und sicher wir uns fühlen. Nicht von ungefähr spricht man davon, „mit beiden Füßen auf dem Boden" zu stehen, und von „Bodenständigkeit".

Achtung: Versuchen Sie nicht, durch eine großspurige Haltung von Ihrer Nervosität abzulenken. Sich in den Stuhl fläzen und mit gespielter Lässigkeit den Arm über die Stuhllehne drapieren wirkt unangenehm und arrogant.

TIPP

Nervöse Menschen neigen mitunter zu hektischen Bewegungen. Achten Sie bewusst auf sich selbst und Ihren Körper. Wer hektisch gestikuliert oder mit dem Fuß wippt, macht sich dadurch nur noch nervöser und kommt erst recht nicht zur Ruhe. Wenn Sie sich bewusst werden, dass Sie „zappeln", haben Sie schon gewonnen: Bemühen Sie sich jetzt einfach darum, die hektische Bewegung einzustellen oder deutlich zu verlangsamen. Sie dürfen gerne weiter gestikulieren, aber sparsam und kontrolliert.

- Achten Sie während des Gespräches darauf, dass Sie sich wohl fühlen und sich nicht verkrampfen. Ändern Sie Ihre Körperhaltung und lassen Sie sich nicht durch Allgemeinplätze über Körpersprache behindern, die jeder Haltung eine klare Gemütslage zusprechen. Je wohler Sie sich fühlen, umso souveräner und ruhiger sind Sie. Und das kommt bei Ihrem Gegenüber an. Sitzen Sie locker, aber aufrecht. Sinken Sie nicht in sich zusammen.

- Atmen Sie bewusst und nutzen Sie aktiv die beruhigende Wirkung tiefer Atemzüge.

- Sprechen Sie langsam. Aus vielen Menschen sprudelt es nur so raus, wenn sie nervös und aufgeregt sind. Das kann nicht nur unangenehm und anstrengend für den Gesprächspartner sein, sondern verstärkt die eigene Nervosität eher. Konzentrieren Sie sich auf Ihre Worte und nutzen Sie die Chance, durch ein langsameres Sprechtempo ruhiger zu werden.

TIPP

Nehmen Sie sich Zeit und überlegen Sie in Ruhe, bevor Sie antworten. Oder bauen Sie die Frage in Ihre Antwort ein: „Warum haben Sie Ihr Jura-Studium abgebrochen?" – „Ich habe mein Studium abgebrochen, weil ..."

- Hören Sie Ihrem Gegenüber aktiv zu und konzentrieren Sie sich voll auf das Gespräch. Nutzen Sie die Zeit, in der der andere spricht, ganz bewusst, um ruhiger zu werden.

- Fragen Sie nach, wenn Ihnen etwas unklar ist. Wenn man nervös ist, leidet meistens die Konzentrationsfähigkeit, und man tendiert dazu, über Unklarheiten hinwegzugehen, um selbst zum Zuge zu kommen und so Anspannung abzubauen. Je besser Sie jedoch das Gegenüber verstehen und je genauer Sie darauf eingehen, umso souveräner sind Sie. Und umso schneller lässt die Nervosität nach.

- Sprechen Sie es höflich an, wenn Sie sich von äußeren Umständen (z. B. direkter Sonneneinstrahlung) gestört fühlen oder etwas benötigen (z. B. ein Glas Wasser). Keine Angst: Das wird keinesfalls als Unhöflichkeit verstanden. Wenn Sie es nicht tun, ist die Wahrscheinlichkeit sehr groß, dass Ihre Anspannung während des ganzen Gespräches nicht verschwindet und Sie deshalb weit unter Ihrem Niveau bleiben.

Achtung: Manche Bewerber lähmen sich selbst, weil Sie jede Kleinigkeit analysieren und denken, dass alles eine unmittelbare Auswirkung darauf hat, ob sie die Stelle bekommen. Und sie wittern hinter allem einen Test. Wir bekommen öfter Fragen wie:

„Was ist, wenn dem Personalentscheider ein Stift hinunterfällt? Soll ich den dann aufheben oder lieber nicht?" – Bitte benehmen Sie sich im Gespräch völlig normal. In unserem Beispiel mit dem Stift: Wenn der Stift so runterfällt, dass Sie ihn bequem erreichen können, bücken Sie sich bitte. Wenn Sie aufspringen und um den Tisch rasen müssten, würde es völlig unnatürlich wirken.

Vergessen Sie nicht, dass Sie mit allem, was Sie tun, eine Botschaft senden. Proaktiv sein, an sich arbeiten und sich so Souveränität und Überzeugungskraft zu erwerben, das sind Voraussetzungen, um als Bewerber interessant und auch sonst erfolgreich zu sein. Dazu gehört auch der effiziente Umgang mit der eigenen Nervosität.

Den „Makel" gut präsentieren

Dass das Gespräch früher oder später auf „Ihr" Thema Studienabbruch oder lange Studiendauer kommen wird, ist praktisch vorprogrammiert, und darauf sind Sie ja auch bestens vorbereitet. Nur selten kommt man im Bewerbungsgespräch um Auffälligkeiten im Lebenslauf oder in einem Zeugnis herum. Das ist aus Sicht des Unternehmens auch mehr als verständlich. Denn Ihr potenzieller zukünftiger Arbeitgeber will zum einen erfahren, aus welchen Gründen und mit welcher Motivation Sie bestimmte Entscheidungen getroffen und Ihren Weg eingeschlagen haben. Und zum anderen geht es darum, aus Ihren Reaktionen und Schilderungen, aus der ganzen Art und Weise, wie Sie das Thema anpacken, auf Ihre Persönlichkeit zu schließen.

Hier nur ein paar Beispiele dafür, was ein guter Personalentscheider alles aus Ihren Reaktionen herauslesen kann und welche Fragen er sich selbst beantwortet:

Sind Sie ein Mensch, der Entscheidungen schnell oder langsam trifft, von der Meinung anderer abhängig ist oder nicht? Wie mutig sind Sie? Stehen Sie zu Ihren Fehlern oder schieben Sie die Verantwortung ab? Ist Ihnen das Thema nur peinlich und reden Sie um den heißen Brei herum? Wie selbstkritisch sind Sie, und was haben Sie bisher aus sich und Ihren Potenzialen gemacht? Wie viele Gedanken machen Sie sich und wie fundiert sind diese? Wie stimmt das, was Sie sagen, damit überein, wie Sie sich geben und bewegen? Klingt das, womit Sie Ihren Studienabbruch begründen, ehrlich und fundiert oder erfunden? Wie vertrauenswürdig sind Sie? Wie selbstbewusst treten Sie auf?

Für Sie als Bewerber ist das eine Riesenchance, da Sie sich in einer brenzligen Situation bewähren und als souveräner, verantwortungsbewusster und ehrlicher Mensch präsentieren können, der sich selbst mit seinen Potenzialen und Schwächen sehr gut kennt. Der die volle Verantwortung für sein Leben übernimmt, selbstkritisch ist und aus Fehlern lernen kann. Oder überzeugend rüberbringen kann, wie sehr er von dem überlangen Studium profitiert hat und welch breites Know-how er sich in dieser Zeit erwerben konnte. Da Sie sich intensiv auf das Gespräch vorbereitet und damit ein stabiles Fundament geschaffen haben, können Sie Ihre Möglichkeiten jetzt auch voll ausschöpfen.

Das Unternehmen hat ein Recht darauf, Details über Ihr Studium und Ihre Beweggründe zu erfahren. Es ist wichtig, dass Sie die Fragen als berechtigt ansehen und sich kooperativ, dialogbereit und offen zeigen. Problematisch sind Reaktionen wie:

- „Ist doch heutzutage eh egal, ob man fertig studiert oder nicht. Was man an der Uni lernt, ist sowieso alles veraltet. Learning by doing ist das Einzige, was zählt!“
- „Typisch Deutschland! In Amerika fragt kein Mensch danach, da zählt nur, was man jetzt ist und ausstrahlt.“

Solche Statements sind fatal, weil sie den Bewerber gleich auf mehreren Ebenen disqualifizieren. Höflichkeit und Respekt scheinen kaum zu seinen Stärken zu gehören. Genauso wenig wie Kenntnisse darüber und ein Verständnis dafür, warum der Personalentscheider an dem Thema interessiert ist. Es spricht einiges dafür, dass der Bewerber nicht sehr differenziert denkt, wenig kritikfähig und anfällig für oberflächliche Meinungen ist. Und last but not least hat er offensichtlich ein Problem mit seinem eigenen Lebenslauf.

Nun zum Timing. Bewerbungsgespräche laufen zwar in der Regel strukturiert ab, aber nicht nach einem allgemeingültigen und vorgegebenen Schema. Das bedeutet, dass Sie nicht genau wissen können, wann und in welcher Form das Thema Studium auf den Tisch kommen wird. Es kann sein, dass Sie

- eingeladen werden, über sich etwas zu erzählen (Was sind Sie für eine Persönlichkeit? Wie schätzen Sie sich selber ein?), und so selbst entscheiden, ob und wie Sie das Thema Studium anschneiden;

- gleich am Anfang oder irgendwann während des Gespräches direkt und unmissverständlich darauf angesprochen werden (Warum haben Sie Ihr Studium nicht abgeschlossen? Wieso haben Sie das Studienfach gewechselt? Warum waren Sie so lange an der Uni?) oder

- dazu eingeladen werden, Ihren Lebenslauf und die wichtigsten Stationen Ihres Lebens zu schildern.

Spätestens jetzt werden Sie sehr froh darüber sein, wenn Sie sich auf breiter Ebene vorbereitet haben, anstatt sich nur „möglichst gute und unverfängliche“ Antworten auf Fragen zurechtzulegen, die wahrscheinlich gestellt werden. Denn Sie haben nichts zu verbergen, wissen, was Sie sagen wollen, und verwickeln sich nicht in Widersprüche oder lassen sich zu Aussagen hinreißen, die Sie später bereuen.

Mit ziemlich hoher Wahrscheinlichkeit ist das Studium das Thema, das am meisten zu Ihrer Aufgeregtheit und Nervosität beiträgt. Sie sind hin- und hergerissen: Einerseits möchten Sie es so schnell wie möglich vom Tisch haben und andererseits hinauszögern. Wenn Sie an der Reihe sind und über sich selbst erzählen sollen – häufig beginnen Bewerbungsgespräche so –, dann ergreifen Sie am besten die Gelegenheit beim Schopf und kommen Sie bald auf das Studium zu sprechen. Am einfachsten ist es, wenn Sie mit Ihrem bisherigen Leben beginnen.

Bitte machen Sie nicht den Fehler, den schriftlich vorliegenden Lebenslauf abzuspulen und eine Station nach der anderen aufzuzählen. Sie sind doch viel mehr als ein paar Daten und Namen! Nutzen Sie die Chance, um mehr von sich zu erzählen. Füllen Sie die einzelnen Stationen mit Leben und bringen Sie einen roten Faden in Ihren Lebenslauf. Welche Fähigkeiten haben Sie sowohl in der Schule als auch an der Uni ausleben können? Wie kam es zum Studium und warum die Studienrichtung? Welche wichtigen Erfahrungen haben Sie während Ihres Studiums gemacht? Vielleicht haben Sie während des Studiums gejobbt. Was haben Sie gemacht, und wie war das? Vielleicht war die wichtigste Erfahrung die, auf ganz eigenen Füßen zu stehen und selbstständig zu werden. Möglicherweise wurde Ihnen bewusst, dass Sie nicht wirklich für die akademische Laufbahn geschaffen sind, sondern praktisch arbeiten wollen. Oder Sie sind immer selbstkritischer und mutiger geworden und konnten sich selbst gegenüber eingestehen, dass Sie nicht das Zeug zum Physikstudium haben.

Ein Bewerber erzählt: „Ich war am Gymnasium und habe dann nach unserem Umzug nach München hier Abitur gemacht. Wie

Sie aus meinem Lebenslauf ersehen, habe ich vier Semester Germanistik und Geschichte studiert. Leider war das Studium überhaupt nicht das, was ich mir vorgestellt hatte. Deswegen habe ich aufgehört zu studieren und bin jetzt hier, weil ich eine interessante Arbeit suche."

Sie sehen schon: Nicht besonders aufschlussreich und interessant, was der Bewerber über sich zu sagen hat. Da er nicht näher auf den Abbruch des Studiums eingeht und eine leere Floskel statt einer Begründung anführt, riskiert er, als Mensch eingestuft zu werden, der sich kaum Gedanken macht, keine klaren Vorstellungen und Ziele hat. Schade, denn er könnte sich viel vorteilhafter präsentieren. Zum Beispiel so:

„Ich habe das Gymnasium besucht und wusste damals schon, was ich mal studieren wollte: auf jeden Fall Germanistik. Schon als Kind war ich eine richtige Leseratte, und Deutsch war neben den anderen Sprachen immer mein Lieblingsfach. Vor allem am Gymnasium, weil wir einen so tollen Lehrer hatten, der für sein Fach richtig begeistert war und das auch vermitteln konnte. Er hat mir ja davon abgeraten, Germanistik zu studieren: viel zu theoretisch und auf das Formale konzentriert, viel zu wenig Fokus auf Inhalte und Lesegenuss. Na ja, ich habe es trotzdem gemacht, weil mich Literatur einfach fasziniert. Als die erste Euphorie – alles war ja ganz neu, und ich fand das Uni-Leben und die vielen Möglichkeiten super – vorbei war, habe ich ziemlich schnell gemerkt, dass mein Lehrer mich schon zu Recht gewarnt hatte. Aber so schnell einfach aussteigen, das kam für mich nicht infrage. Ich habe noch zwei Semester weitergemacht, und erst dann stand es für mich fest, dass der Elfenbeinturm Uni nicht das Richtige für mich ist. Lesen und Literatur faszinieren mich nach wie vor, als Hobby. Beruflich möchte ich etwas Praktisches machen, so richtig anpacken, mit anderen gemeinsam etwas bewegen."

TIPP

Wenn Sie gebeten werden, Ihren bisherigen Lebenslauf zu erzählen, dann dürfen Sie natürlich auch selbst in Ihre Bewerbung schauen. Gerade wenn man nervös ist und frei von der Leber weg erzählen soll, weiß man plötzlich nicht mehr alles auswendig. Nehmen Sie immer ein Exemplar Ihrer Bewerbungsmappe für sich selbst mit.

Im Gespräch ist es wichtig zu beweisen, dass Sie

- sich mit Ihrem bisherigen Leben auseinander setzen und die Verantwortung dafür übernehmen;
- zu allen Entscheidungen stehen, die Sie getroffen haben, und diese auch erklären können;
- ein rundes Bild von sich geben und sich nicht widersprechen;
- sehen können, was Sie bisher alles gelernt und sich angeeignet haben, und
- positiv sind und in die Zukunft schauen.

Dazu gehört auch, dass Sie sich durch bohrende Fragen und mehrmaliges Nachhaken nicht aus der Ruhe bringen und zu unüberlegten Aussagen hinreißen lassen.

Es kann passieren, dass ein Interviewer Sie nicht gerade mit Samthandschuhen anfasst oder gar in weniger freundlichem Ton danach fragt, wie Sie die lange Studienzeit erklären können. Oder welche Chancen Sie sich auf dem Arbeitsmarkt ausrechnen, wo Sie doch kein abgeschlossenes Studium vorzuweisen haben.

Lassen Sie sich nicht einschüchtern oder verunsichern! Es soll Personalentscheider und Chefs geben, die mithilfe solcher „Tricks“ – indem Bewerber in Stress versetzt werden – die wahre Identität und Belastbarkeit der Leute herausfinden wollen. Wie hilfreich das für die Auswahl der geeignetsten Kandidaten ist, sei dahingestellt. Wichtig für Sie ist, dass Sie sich bloß nicht in Panik versetzen lassen, sondern sich darauf konzentrieren, ruhig und ehrlich zu antworten. Je besser Sie sich vorbereitet haben und je sicherer Sie sich deshalb Ihrer selbst und Ihrer Ziele sind, umso weniger werden Sie sich unter Druck setzen lassen und umso souveräner werden Sie bleiben.

Übrigens: Die meisten Interviewer wollen Sie – ohne Anwendung von Psychotricks – so gut wie möglich kennen lernen und auf Ihre fachlichen und persönlichen Qualitäten abklopfen.

Interview

Marcus Wilke, Personalreferent Recruitment bei der OTTO GmbH & Co. KG, Hamburg

Stellen Sie auch Studienabbrecher ein oder nur Leute mit abgeschlossenem Studium?

M. W.: Dies hängt sehr stark von der zu besetzenden Position ab. Sicherlich gibt es bei uns Vakanzen, bei denen wir den Abschluss des Studiums voraussetzen. Es gibt aber auch zahlreiche Positionen, die keinen akademischen Titel verlangen.

Welche persönlichen Eigenschaften sind Ihnen bei Bewerbern am wichtigsten?

M. W.: Im Bereich der persönlichen Eigenschaften achten wir vor allem auf motivationale und soziale Kompetenzen: So erwarten wir von unseren Mitarbeitern ein großes Maß an Eigenverantwortung und Eigenantrieb. Im Rahmen der Sozialkompetenzen ist uns neben einer ausgeprägten Kommunikationsstärke auch das Kooperationsverhalten wichtig. Wir sind eine große und internationale Unternehmensgruppe, sodass Teamarbeit die Grundlage für unser alltägliches Miteinander darstellt.

Was sagen Sie zu „Bummelstudenten“ (wenn jemand extrem lange studiert hat)?

M. W.: Eine lange Studiendauer ist für sich genommen für uns kein K.-o.-Kriterium. Bei uns entscheidet das Gesamtprofil eines Kandidaten. Eine besonders lange Studiendauer sollte sich jedoch anhand des Lebenslaufes begründen lassen. Viele praktische Erfahrungen oder längere Auslandsaufenthalte könnten beispielsweise ohne weiteres das eine oder andere zusätzliche Semester rechtfertigen.

Wie beurteilen Sie es, wenn jemand ein Studium abgebrochen und ein anderes Fachgebiet gewählt hat?

M. W.: Das Studium dient unserer Einschätzung nach neben der beruflichen Qualifizierung gerade auch in der Anfangszeit der Orientierung eines jungen Menschen. Sollte hier festgestellt werden, dass die ursprüngliche Studienwahl nicht den persönlichen Neigungen und Qualifikationen entspricht, halten wir ein Umschwenken in Form einer Fachkorrektur für ausgesprochen sinnvoll.

Wonach beurteilen Sie Bewerbungsmappen in erster Linie?

M. W.: Bei uns entscheidet der Gesamteindruck. Das Studium samt Studienleistung ist sicherlich eine wichtige Information für uns. Daneben sind zum Beispiel die praktischen Erfahrungen im In- und Ausland oder außeruniversitäre Engagements andere, bedeutende Informationsquellen. Wert legen wir darüber hinaus auch auf die Motivation des Bewerbers. Diese kann beispielsweise bereits im Anschreiben deutlich gemacht werden.

Welchen Stellenwert haben bei Ihnen Online-Bewerbungen (im Verhältnis zur Print-Bewerbung)?

M. W.: Wir haben bereits 1999 eine Onlinebewerbungsmöglichkeit in Formularform eingeführt. Unser Onlinebogen ist dabei kein Kontaktformular, er ersetzt vielmehr andere Formen der Bewerbung. Über Upload-Möglichkeiten sind sowohl Bewerbungsfoto als auch Zeugnisse der Onlinebewerbung anfügbar. Uns ist es wichtig, dass uns Bewerber auf der von ihnen bevorzugten Art und Weise der Bewerbung erreichen können, sodass bei uns Onlinebewerbung, E-Mail und schriftliche Bewerbung absolut gleichberechtigt nebeneinander stehen.

Welche Fragen kommen auf mich zu?

Wie bereits erwähnt, hängt der Verlauf eines Bewerbungsgespräches vom Unternehmen, von der zu besetzenden Position und der Persönlichkeit der Gesprächspartner ab. Welche einzelnen Fragen, in welcher Form und an welcher Stelle des Gespräches wohl kommen werden, lässt sich deshalb nie vorhersagen. Was natürlich nicht heißt, dass man sich eigentlich auf gar nichts vorbereiten kann. Schließlich sind die Fragen dazu da, das Ziel zu erreichen, das die Bewerbungsgespräche haben, nämlich: Sie auf Ihre fachlichen wie persönlichen Qualitäten und somit auf Ihre Kompatibilität mit dem Job und dem Unternehmen zu prüfen. Entsprechend können Sie mit einer ganzen Reihe von Fragen rechnen, die der Interviewer in der einen oder anderen Form stellen muss, um sich ein Bild von Ihnen machen zu können.

Die Fragen, die Ihnen im Laufe eines Gespräches gestellt werden, kann man in zwei große Gruppen unterteilen: Standardfragen, die in der einen oder anderen Form immer vorkommen und auf die Sie sich ganz gezielt vorbereiten können. Und sehr individuelle und nicht vorhersehbare Fragen, die von verschiedenen Faktoren bestimmt werden:

- vom Unternehmen und von der Unternehmensphilosophie
- von den Besonderheiten der zu besetzenden Stelle
- von der Persönlichkeit des Interviewers
- von Ihrer Persönlichkeit, Ihrem Verhalten, Ihren Aussagen und Ihrer Wirkung
- von der Entwicklung des Gespräches

Der Gesprächsverlauf hängt sehr stark von der Persönlichkeit der Gesprächspartner ab und davon, welche Art von Dialog und Beziehung sich zwischen beiden entwickelt. Wer sich rundum gut vorbereitet hat – und nicht nur auf ganz bestimmte einzelne Fragen –, kann sich auf einen richtigen Dialog einlassen, auf breiter gestellte Fragen antworten, steht auf festeren Füßen, ist souveräner und lässt sich nicht so leicht in Widersprüche verwickeln.

TIPP

Lassen Sie sich auf einen Dialog ein und beantworten Sie alle Fragen engagiert und ausführlich. Wenn Sie einsilbig oder gar unwillig antworten und sich alles aus der Nase ziehen lassen, kommen Sie schwerlich als der offene, interessierte und angenehme Mitarbeiter rüber, den man gerne einstellt. Ein gutes Bewerbungsgespräch ist kein Frage- und Antwortspiel, sondern ein intensives Gespräch, um sich gegenseitig kennen zu lernen.

Alle Fragen, die im zweiten Kapitel (ab Seite 27), als Leitfaden für Ihre Vorbereitung angeführt sind, können genau so in einem Bewerbungsgespräch gestellt werden. Um Wiederholungen zu vermeiden, sind sie hier nicht noch einmal angeführt.

Studium: Warum abgebrochen oder so lange studiert?

Wie Sie sich auf den Umgang mit diesem – für Sie ja nicht ganz einfachen Thema – am besten vorbereiten können, ist ausführlich auf den Seiten 32 bis 40 besprochen. Was Sie im Gespräch beachten und womit Sie rechnen sollten, lesen Sie bitte im vorangegangenen Abschnitt „Den ‚Makel' gut präsentieren".

Die Frage aller Fragen könnte für Sie sein: „Warum sollten wir Sie einstellen, obwohl Sie Ihr Studium nicht beendet/so lange dafür gebraucht haben?" Die Antwort auf diese Frage – die übrigens sehr wohl in dieser Form kommen könnte – ist natürlich die Quintessenz Ihrer ganzen Vorbereitung.

TIPP

Fassen Sie kurz zusammen, was sowohl fachlich als auch persönlich für Sie spricht und inwiefern Sie eine echte Bereicherung für ein Unternehmen sind. Sie werden sehen: Das tut Ihnen und Ihrem Selbstwertgefühl sehr gut. Und deshalb lohnt sich der Aufwand, auch wenn die Frage selbst gar nicht kommen sollte.

Studium: allgemeine Fragen

Wie erwähnt, ist der Personalentscheider an Ihrer ganzen Person, an all Ihren fachlichen und persönlichen Kompetenzen interessiert. Sie werden deshalb nicht nur zu Ihrem Studienverlauf Stellung beziehen müssen, sondern auch Gelegenheit haben, Details über Ihren gesamten bisherigen Werdegang, Ihre Erfahrungen und Einstellungen zu erzählen.

- Was waren Ihre Lieblingsfächer in der Schule? Welche Vorlesungen haben Sie am liebsten besucht und warum?
- Was war toll am Studentenleben und was weniger?
- Was würden Sie an der Hochschule ändern, wenn Sie es könnten?
- Was würden Ihre Lehrer/Professoren über Sie sagen?
- Welche Lehrer/Professoren haben Sie besonders geschätzt und warum?
- Was von dem, was Sie an der Uni gelernt haben, können Sie im Arbeitsleben Gewinn bringend umsetzen?
- Wenn Sie gefragt werden, ob man heute überhaupt studieren soll, was würden Sie antworten? Und welche Ratschläge würden Sie erteilen?
- Was hat Ihnen das Studium gebracht?

Praktische Erfahrungen

Da Unternehmen Macher suchen, Leute, die anpacken, sich einbringen und engagieren, sind praktische Erfahrungen ein wichtiges Thema. Denken Sie an alles, was Sie in Ihrem bisherigen Leben auf die Beine gestellt haben, und vergessen Sie neben den offensichtlichen Stationen – studienbegleitende Jobs, Ferienjobs, Praktika, ehrenamtliche Tätigkeiten, Auslandsaufenthalte – auch nicht das Studium selbst. Vielleicht haben Sie ja konkrete Projekte durchgezogen, im Team gearbeitet, viel am PC gemacht und Erfahrungen gesammelt, die sich direkt auf das Arbeitsleben übertragen lassen.

- Welche praktischen Erfahrungen haben Sie bereits gesammelt?
- Welche Ihrer Tätigkeiten hat Ihnen am besten gefallen und warum?
- Inwiefern haben Sie von Ihren praktischen Tätigkeiten profitiert?
- Wie haben Sie es geschafft, Studium und Job unter einen Hut zu bringen?
- Was halten Sie von der Meinung, das Studium sei viel zu theoretisch?
- Was hat Ihnen der Auslandsaufenthalt gebracht?
- Was fanden Sie besonders schwierig, als Sie für eine bestimmte Zeit ins Ausland gegangen sind?
- In welcher Form haben Sie unterschiedliche Mentalitäten kennen gelernt?
- Welche Voraussetzungen muss man erfüllen, um sich in der Arbeitspraxis gut zu bewähren? Wie beurteilen Sie sich selbst?

Fachliche Qualifikation

- Welche fachlichen Anforderungen stellt die Aufgabe, für die Sie sich bewerben?
- Was von dem, was Sie sich bisher angeeignet und praktisch gemacht haben, können Sie bei dieser Tätigkeit einsetzen?
- Welche Anforderungen können Sie erfüllen? Wie gut und wo haben Sie sich das entsprechende Know-how angeeignet?
- Welchen Anforderungen können Sie nicht von Anfang an gerecht werden? Welches Wissen müssten Sie sich noch aneignen?

TIPP

Bitte machen Sie nicht den Fehler, Mankos und Defizite zu verschweigen oder zu beschönigen. Wenn Ihnen wichtiges Know-how fehlt, können Sie das sowieso nicht verbergen. Seien Sie ehrlich und geben Sie zu, was Sie (noch) nicht können. Wichtig ist, Lernbereitschaft zu zeigen und durch Ihren ganzen Auftritt davon zu überzeugen, dass Sie sich motiviert und engagiert ins Lernen stürzen werden.

Achtung: Wenn Sie im Gespräch versprechen, irgendein Defizit durch private Kurse oder Ähnliches auszugleichen, sollte es selbstverständlich sein, dass Sie dieses Versprechen auch halten! Leider haben wir es selbst erlebt, dass Bewerber im Gespräch alles Mögliche versprochen, aber sobald sie die Stelle hatten, nur wenig davon realisiert haben.

- Warum denken Sie, dass Sie die Aufgabe erfolgreich bewältigen können?
- Welche Kenntnisse haben Sie sich – zusätzlich zu denen, die im Lebenslauf genannt sind – angeeignet? Auf welchem Wege und mit welcher Motivation?

Erzählen Sie alles, was Sie sich angeeignet haben und können. Denn in vielen Unternehmen gibt es weitere Positionen, die sofort oder später zu besetzen sind, aber nicht ausgeschrieben werden. Möglicherweise stellt sich heraus, dass Sie sich für einen anderen Job besser eignen als für den, auf den Sie sich gerade bewerben. Eine weitere Möglichkeit, die Sie von vornherein ausschließen, wenn Sie zu zurückhaltend sind und nicht alles über sich sagen: Es kommt vor, dass Unternehmen eine neue Stelle/ein neues Aufgabengebiet schaffen, wenn es einen vielversprechenden und interessanten Kandidaten dafür gibt.

Persönlichkeit/Lebenseinstellung

Wie Sie bemerkt haben, gibt es eine Reihe von vermeintlich rein fachlichen Fragen, deren Beantwortung allerdings sehr viel Licht auf Ihre Persönlichkeit wirft. Genau aus diesem Grund legen wir Ihnen wieder und wieder ans Herz, sich intensiv mit sich selbst auseinander zu setzen und sich gut vorzubereiten. Hier noch eine Reihe von Fragen, die ganz offensichtlich persönlicher Art sind:

- Was bedeutet Erfolg für Sie?
- Was ist Ihrer Meinung nach der Sinn des Lebens?
- Wie bringen Sie Studium beziehungsweise Beruf und Privatleben in Einklang?
- Lesen Sie gerne? Wenn nein, warum nicht? Wenn ja, welche Art von Literatur?
- Wofür interessieren Sie sich?
- Was ist das Schönste/Schlimmste, was Ihnen in Ihrem Leben passiert ist?
- Was motiviert Sie dazu, morgens aufzustehen?
- Was bedeutet Ihnen Loyalität, wie loyal sind Sie und wovon hängt das ab?
- Wie kann ich Sie ärgern? Und was passiert dann?
- Wie gehen Sie mit Stress um?

TIPP

Bitte antworten Sie auf die Frage nach Stress niemals einfach nach dem Motto jubel-jubel-ohne-kann-ich-nicht-leben. Erklären Sie, was Stress für Sie überhaupt bedeutet – oder fragen Sie nach, welche Art von Stress es in dem Job geben könnte. Und erzählen Sie dann, wie Sie mit solchen Situationen umgehen. Es ist um einiges glaubwürdiger und vertrauenerweckender, ausführlich und überlegt auf dieses wichtige Thema einzugehen, als es als unwichtiges Detail abzutun.

Unternehmen, Position und Aufgabenbereich

- Warum sind Sie an unserem Unternehmen interessiert? Was reizt Sie an der Aufgabe, für die Sie sich bewerben?
  Nutzen Sie die Chance und zeigen Sie, dass Sie sich nicht nur umfassend über das Unternehmen informiert haben, sondern genau wissen, was Sie können und was Sie wollen. Sagen Sie nicht lapidar, dass Sie die Tätigkeit „spannend“ finden. Gehen Sie diesem sehr wenig aussagekräftigen Begriff auf den Grund, erklären Sie, was genau Sie als spannend empfinden und inwiefern Sie denken, sich selbst in dem Job verwirklichen zu können.
  Wie Sie an Informationen über das Unternehmen/die Branche kommen, finden Sie ab Seite 85.
- Welche Erwartungen haben Sie an die Aufgabe? Wie stellen Sie sich die Tätigkeit vor – mit ihren positiven und negativen Seiten?
  Begehen Sie nicht den Fehler zu denken, Sie dürften jetzt ausschließlich positive Dinge erwähnen. Jede Aufgabe hat ihre negativen Aspekte, und niemand macht alles gleich gerne. Wenn Sie immer beschönigen und alles nur für gut befinden, laufen Sie Gefahr, als unkritisch, oberflachlich oder feige eingestuft zu werden.
  Wie Sie sich im Vorfeld über Ihre Erwartungen klar werden, finden Sie ab Seite 66.

- Unter welchen Bedingungen können Sie am besten arbeiten?
- Was motiviert Sie?
- Inwiefern unterscheiden sich Studium und Arbeitsleben? Was sind die größten Herausforderungen für Sie?
- Was war bisher Ihr größter Erfolg/Misserfolg? Wie gehen Sie mit Misserfolgen um?
- Wie muss ein Unternehmen sein, damit Sie sich damit identifizieren?
- Welche persönlichen Ziele verfolgen Sie in der Arbeit?
- In welche Richtung wollen Sie sich weiterentwickeln? Welche langfristigen beruflichen Ziele haben Sie?
- Was ist Ihnen an der Arbeit am wichtigsten?
  Bitte beantworten Sie diese Frage nie mit einem einzigen Satz, wie: „Dass der Job interessant ist, ich Spaß an der Arbeit habe, das Betriebsklima gut ist, die Kollegen nett sind und ich auch mitbestimmen und meine Meinung einbringen kann." Sagen Sie mehr und führen Sie jeden einzelnen Punkt genauer aus: Wann weckt eine Aufgabe Ihr Interesse und wann haben Sie Freude an einer Tätigkeit? Wie genau sollten das Betriebsklima und die Kollegen sein, damit Sie in dem Unternehmen arbeiten wollen? Was heißt betriebliche Mitbestimmung, warum legen Sie Wert darauf? Rechnen Sie auf jeden Fall damit, dass der Interviewer den Dingen auf den Grund gehen will und sich nicht mit unpräzisen Aussagen zufrieden geben wird.

Umgang mit anderen

Hier geht es um Fragen, mit denen Ihre „emotionale" und „soziale Kompetenz" hinterfragt wird. Da das Umfeld eine so große Auswirkung darauf hat, wie gut und erfolgreich man in seinem Job ist, sollten Sie offen und ehrlich sein und nicht ein Bild von sich zeichnen, das nicht stimmt.

- Was erwarten Sie von Ihren Kollegen? Wie sollten diese sein?
- Mit welcher Art von Mensch kommen Sie gut/weniger gut klar?
- Angenommen, Sie fühlen sich von Ihrem Chef unfair behandelt. Was tun Sie?
- Was sind für Sie die größten Herausforderungen und schwierigen Situationen im Umgang mit anderen?
- Was war das schönste/schlimmste Erlebnis, das Sie mit anderen Menschen hatten?
- Angenommen, Sie können einen Kollegen nicht ausstehen, müssen aber eng mit ihm zusammenarbeiten? Wie gehen Sie mit dieser Situation um?
- Angenommen, ein Kollege macht seit einiger Zeit seine Arbeit schlecht. Was unternehmen Sie?

Jetzt fehlt noch die Frage nach den Stärken und Schwächen, die mittlerweile als Standardfrage gilt und praktisch in keinem Gespräch fehlt.

Was sind Ihre Stärken?

Bitte antworten Sie nicht mit einer Gegenfrage wie „Wie meinen Sie das: fachlich oder persönlich?“, sondern fangen Sie an zu erzählen. Vergessen Sie nicht, dass auch Ihre Reaktionen sehr viel über Ihre Persönlichkeit aussagen. Wenn Sie sich durch eine so weit gefasste und so persönliche Frage verunsichern lassen und eine Rückversicherung brauchen, signalisieren Sie möglicherweise wenig Schmeichelhaftes: dass Sie es anderen immer recht machen wollen, schlecht vorbereitet sind und wenig über sich selbst nachgedacht haben, dass Sie nicht sehr kommunikativ sind. (Letzteres ist besonders fatal, wenn Sie „gute Kommunikationsfähigkeit“ als eine Ihrer Stärken deklarieren.)

Vorsicht vor Übertreibungen
Verwechseln Sie das Sprechen über die eigenen Stärken nicht mit übertriebenem Eigenlob und arrogantem Sich-selber-Anpreisen! Es geht darum, dass Sie mit Überzeugung und auch Freude rüberbringen, was Sie wirklich gut können, und dass Sie dazu stehen. Unternehmen brauchen und suchen Leute, die von den eigenen Fähigkeiten überzeugt sind und diese glaubhaft vermitteln können.

Nutzen Sie alle Chancen im Gespräch, um sich von Ihrer besten Seite zu zeigen und Ihre Stärken nicht nur verbal, sondern mit Ihrer ganzen Persönlichkeit zu vermitteln. Hören Sie dauernd aufmerksam zu, zeigen Sie Interesse an allem und lassen Sie sich auf einen wirklichen Dialog ein. Sehr viele Menschen sind sich ihrer Stärken gar nicht bewusst. Oder sie erkennen die eigenen Stärken nicht, weil sie ihnen als ganz normal erscheinen. Finden Sie Ihre Stärken heraus … zum Beispiel mit dem Fragebogen auf Seite 53.

Und Ihre Schwächen?

Bitte wittern Sie hier nicht gleich eine Falle, die Sie so elegant wie möglich umgehen sollen. Natürlich dient auch diese Frage dazu, Informationen zu bekommen und auf dieser Grundlage nicht passende Kandidaten auszusortieren. Das ist schließlich Zweck des gesamten Bewerbungsprozesses, und zwar für beide Seiten. Schließlich wollen Sie einen Job, dem Sie gerecht werden können und der Sie nicht überfordert oder gegen Ihre Persönlichkeit geht.

Beispiel: Wesentliche Anforderungen für die ausgeschriebene Position sind superschnelle Entscheidungsfindung sowie die Fähigkeit, mit Fehlentscheidungen leben zu können und diese wiederum so schnell wie möglich auszubügeln. Wenn Sie zu den Menschen gehören, die alle Eventualitäten durchdenken und unterschiedliche Argumente berücksichtigen wollen, bevor sie guten Gewissens eine Entscheidung fällen können, dann ist das in diesem Kontext eine Schwäche. Und zwar keine kleine, die man vernachlässigen oder durch eine kurze Weiterbildungsmethode ausgleichen könnte, sondern eine Eigenschaft, die Sie für diesen Job schlicht und einfach disqualifiziert.

Wenn die Rede auf Ihre Schwächen kommt, sollten Sie:

- *zugeben, was Sie ohnehin nicht verbergen können*
  Dadurch vermeiden Sie erstens, dass Sie einen Job bekommen, der Sie überfordert und den Sie wahrscheinlich nicht lange haben werden. Zweitens haben Sie so die Möglichkeit, dass Sie gemeinsam mit der Firma eine Lösung finden werden (z. B. eine sinnvolle Weiterbildungsmaßnahme oder ein anderer Job im Unternehmen). Diese Chance bekommen Sie viel eher, wenn Sie von Anfang an mit offenen Karten spielen.
- *nur Relevantes erwähnen*
  Wenn Sie sich beispielsweise im Privatleben mit der Pünktlichkeit schwer tun, sollten Sie das nicht erwähnen. Sondern lieber an sich arbeiten, um diese Eigenschaft nicht auf den Beruf zu übertragen.
- *keine Schwächen erfinden oder von anderen übernehmen*
  Der erfahrene Personalentscheider merkt nämlich sehr wohl, ob Sie authentisch sind oder ihm etwas vormachen.
- Bitte ersparen Sie Ihrem Gegenüber und sich selbst „Pseudo-Schwächen“ à la „Meine Schwäche ist, dass ich viel zu genau bin …“. Diese Art von Antworten wird leider in manchen Ratgebern als Patentrezept empfohlen. Tatsächlich empfindet sie der geschulte Interviewer als lästig, weil sie ganz offensichtlich einstudiert und vorgeschoben sind.

Interessen/Hobbys

Lassen Sie sich auf Fragen nach Ihrer Freizeitbeschäftigung und Ihren Interessen ein und nutzen Sie die Gelegenheit, locker und entspannt über sich zu erzählen. Legen Sie sich nicht selbst Fesseln an, indem Sie angstvoll überlegen, ob Ihre Hobbys wohl salonfähig sind oder welche Schlüsse Ihr Gegenüber eventuell ziehen könnte.

Beispiel: „Ich koche gerne und viel. Aber denkt man dann nicht, ich wäre ein unselbstständiges Heimchen am Herd?“ Sie können natürlich nicht ausschließen, dass jemand so denkt. Aber genausowenig können Sie ausschließen, dass Ihr Gesprächspartner selbst gerne kocht oder ein Gourmet ist. In diesem Falle hätten Sie sich durch Ihre Spekulation die große Chance vertan, Gemeinsamkeiten zu entdecken und sich persönlich näher zu kommen. Und vergessen Sie bitte nicht: Ob man Sie für ein Heimchen am Herd hält oder nicht, das bestimmen Sie selbst mit Ihrem ganzen Auftritt und Ihrer Persönlichkeit.

Sport als Hobby

Immer wieder erstaunlich, wie sehr Bewerber spekulieren, wenn es um das Hobby Sport geht: Soll ich Fallschirmspringen angeben, oder denkt der Personaler, diese Sportart ist zu gefährlich? – Wenn ich Kampfsport, Skifahren und Surfen betreibe, denkt der Personalentscheider dann vielleicht, ich bin ein einsamer Wolf, weil keine Teamsportart dabei ist? – Oh! Ich mache keinen Sport, es wäre aber sicher gut, wenn ich eine Sportart als Hobby angeben würde, oder?

Bitte sagen Sie ehrlich, was Sache ist. Wenn Sie sporteln, geben Sie die Sportarten an, die Sie machen. Wenn Sie überhaupt keinen Sport betreiben, dann steht bei Ihren Hobbys vielleicht: Lesen, Musik, Computer.

Meinungsfragen

Seien Sie darauf gefasst, dass der Interviewer mehr darüber herausfinden will, wie Sie über bestimmte Themen denken, über welchen Wissensstand Sie verfügen, wie informiert Sie über aktuelle Entwicklungen sind und wie Sie Ihre Meinung vertreten. Und gerade weil Sie eine Hochschule besucht haben, hat man – was Allgemeinbildung, Kritik- und Reflexionsfähigkeit sowie Up-to-date-Sein anbelangt – möglicherweise hohe Erwartungen an Sie.

Branche/Unternehmen

- Was halten Sie von unserer Branche? *Beispiele:*
  Was halten Sie von der Werbebranche und überhaupt von Werbung?
  Wie beurteilen Sie unsere ganze Branche, die Unternehmensberatung im Allgemeinen? Was hat ein Unternehmen davon, sich beraten zu lassen?
  Welche Zukunftsperspektiven haben Verlage heute Ihrer Meinung nach? Was muss passieren, um sich den aktuellen Entwicklungen anzupassen?
- Unser Unternehmen ist in letzter Zeit immer wieder in die Schlagzeilen geraten. Was denken Sie darüber?

TIPP

Wenn Sie nichts darüber wissen, geben Sie es zu und haken Sie nach, in welche Richtung die Berichterstattung ging.

Tappen Sie nicht in die Falle des „Ich muss es ja allen recht machen!". Das funktioniert nicht. Wenn Sie alles tun, um bloß bei niemandem anzuecken, alles schönreden oder nur unverbindliche Oberflächlichkeiten preisgeben, vergeben Sie Chancen. Denn so vermitteln Sie den Eindruck, entweder überhaupt nicht Bescheid zu wissen, uninformiert und desinteressiert zu sein oder über zu wenig Selbstbewusstsein zu verfügen und keine eigene Meinung zu haben.

Beispiel: Ein Bewerber wird gefragt, wie er zur aktuellen Politik des Konzerns stehe und was er von der anstehenden Entlassungswelle halte. Um – vermeintlich – bloß nichts zu riskieren und niemanden vor den Kopf zu stoßen, hält er sich bedeckt und spricht ganz allgemein über das Für und Wider und dass Entlassungen eben in bestimmten Fällen einfach nicht zu vermeiden wären und so weiter. Er bekommt den Job als Projektleiter nicht, weil man ihn nicht als wirklich starke Persönlichkeit einschätzt und ihm deshalb eine Führungsrolle nicht zutraut.

Sagen Sie Ihre Meinung und bringen Sie Ihre Argumente vor: freundlich, überzeugt und mit Nachdruck. Hören Sie sich eventuelle Gegenargumente intensiv an und seien Sie offen dafür. Das heißt natürlich nicht, dass Sie Ihre Ansichten gleich um 180 Grad ändern! Eine klare, schlüssige und mit Überzeugung vorgebrachte Meinung, gepaart mit Toleranz und Interesse für die Ansichten anderer, ist die beste Strategie. Natürlich kann es passieren, dass Sie gerade aufgrund Ihrer Ansichten eine Absage bekommen, weil diese der Firmenphilosophie widersprechen. Aber überlegen Sie, wie lange Sie wohl in einem Unternehmen bleiben möchten, in dem so konträre Überzeugungen vertreten werden.

Aktuelle Themen und allgemeine Ansichten

Die Palette möglicher Fragen ist sehr breit und reicht von arbeitsspezifischen Themen bis hin zu Geschmacksfragen. Denken Sie daran, dass Sinn und Zweck all dieser Fragen darin liegt, Sie näher kennen zu lernen und als ganzen Menschen zu erfassen. Lassen Sie sich auf die Fragen ein und nehmen Sie die Chance wahr, so viel wie möglich über sich zu zeigen. Hier ein paar Beispiele:

- Wie beurteilen Sie die Möglichkeiten, die die Neuen Medien eröffnen?
- Welche Chancen und Risiken sehen Sie in Internet und Globalisierung?

- Wie wird sich die Arbeitswelt Ihrer Meinung nach in den nächsten Jahren verändern?
- „Servicewüste Deutschland“: Was halten Sie von diesem Schlagwort?
- „Der Kunde ist König“: Stimmt das in Ihren Augen?
- Immer wieder ist von flachen Hierarchien die Rede. Wie stehen Sie dazu?
- Was denken Sie über Teamarbeit?

Natürlich hängt die Art der Fragen sehr stark mit der jeweiligen Position zusammen. Wenn Sie sich für die Bereiche Kundenservice/ Vertrieb bewerben, liegen Fragen zu den Themen Kundenorientierung und Dienstleistungsgedanke nahe. Wenn Sie sich im Vorfeld intensiv mit der von Ihnen angestrebten Position und allen damit zusammenhängenden Themen auseinander setzen, wissen Sie, welche Themen höchstwahrscheinlich ins Spiel kommen werden.

TIPP

Wenn Ihnen eine Frage gestellt wird, mit der Sie sich noch nicht beschäftigt und zu der Sie deshalb noch keine Meinung haben, dann leiten Sie Ihre Antwort ruhig entsprechend ein: „Darüber habe ich mir bisher noch gar keine Gedanken gemacht, spontan würde ich sagen …“

Dadurch unterstreichen Sie Ihre Offenheit und machen gleichzeitig klar, dass Sie Ihre Meinung über das Thema spontan äußern, sie also bei etwas mehr Überlegung vielleicht anders/differenzierter ausfallen würde. Außerdem sieht Ihr Gegenüber so gleich, dass Sie ein schneller Denker sind und Ihrer Meinung auch ad hoc Ausdruck verleihen können. Tun Sie sich selbst einen Gefallen und spekulieren Sie nicht, was das Gegenüber wohl von Ihnen hören will! Zu raten, was wohl die beste Antwort sein könnte, bringt Ihnen zum einen nichts, weil Sie nicht hellsehen können. Und zweitens würde es das Gespräch sabotieren: Das Gegenüber ist an Ihrer ehrlichen Meinung (und Begründung!) interessiert.

Wenn keine Fragen kommen

Leider ist nicht jeder Personalentscheider auch wirklich gut in seinem Job. Es kann Ihnen passieren, dass Ihr Gesprächspartner dauernd nur über sich und das Unternehmen erzählt. Sie werden zunehmend unruhig, weil er gar nicht wirklich etwas von Ihnen wissen will. Wie soll er denn dann unter den Bewerbern auswählen? – Seien Sie selbst aktiv und ausführlich in Ihren Antworten, wenn doch eine Frage kommt. Und haken Sie in den Monolog Ihres Gegenübers ein, um Informationen über sich rüberzubringen, auch wenn Sie nicht gefragt werden. Hier zwei Beispiele:

> *Personaler:* „... und ganz wichtig ist uns ein gutes Betriebsklima."
> *Bewerber:* „Das finde ich gut. Ich selbst arbeite am liebsten in einem Team, auch wenn ich gerne eigene Projekte eigenverantwortlich betreue. So kann man sich untereinander austauschen."
> *Personaler:* „Unser Haupthaus ist in London ..."
> *Bewerber:* „Das trifft sich wunderbar: Wie Sie meinem Lebenslauf entnehmen konnten, habe ich dort ein Praktikum gemacht, in dessen Verlauf ich ..."

Zum Thema Gegenfragen: Bitte antworten Sie niemals auf eine Frage mit einer Gegenfrage. Das ist unhöflich und bringt das Gespräch leicht ins Stocken. Beantworten Sie immer direkt die Frage, die Ihnen gestellt wurde. Selbstverständlich können Sie dann Ihrerseits nachhaken und eine Frage anhängen.

Selbst Fragen stellen

Ob Sie im Bewerbungsgespräch selbst auch etwas fragen dürfen? Sie dürfen nicht nur, sondern sollten es auf jeden Fall tun. Die meisten Interviewer werden Ihnen von sich aus die Gelegenheit dazu bieten und Sie einladen, Fragen zu stellen. Sollte das nicht der Fall sein, ergreifen Sie selbst die Initiative und sagen Sie, dass Sie sehr an einigen Dingen interessiert sind, die bisher noch nicht zur Sprache kamen, und deshalb gerne ein paar Fragen stellen würden.

TIPP

Schreiben Sie sich die Fragen auf, die Ihnen besonders wichtig sind und die Sie auf keinen Fall unter den Tisch fallen lassen möchten. Scheuen Sie sich nicht, Ihre Frageliste ins Gespräch mitzunehmen, als Leitfaden zu benutzen und sich Notizen zu machen. So gehen Sie zum einen sicher, keine der Fragen zu vergessen. Zum anderen beweisen Sie, dass Sie sich gut vorbereitet haben und strukturiert und überlegt vorgehen.

Die Art der Fragen, die Sie stellen, wirft natürlich sehr viel Licht auf Ihre Persönlichkeit. Ein guter Personalentscheider schließt daraus, wie aufmerksam Sie bisher im Gespräch waren, worauf Sie Wert legen und wie viel Interesse Sie daran haben, so viel wie möglich über die Tätigkeit und das Unternehmen herauszufinden. Und es entgeht ihm natürlich auch nicht, wenn Sie nach bestimmten Dingen nicht fragen, die Ihnen als engagiertem potenziellen neuen Mitarbeiter eigentlich am Herzen liegen müssten. Das sollten Sie beachten:

- Stellen Sie keine Fragen, die bereits im Laufe des Gespräches beantwortet worden sind. Damit erwecken Sie den Eindruck, dass Sie entweder bisher nicht richtig zugehört haben oder mangels Vorbereitung und wirklichem Interesse keine weiteren Fragen stellen können. Ausnahme ist natürlich, wenn Sie den Dingen stärker auf den Grund gehen und mehr Details über ein bereits angeschnittenes Thema erfahren möchten.

- Stellen Sie nur Fragen zu Themen, die Sie wirklich interessieren. Oft wird Bewerbern geraten, sich nach Größe des Unternehmens, Anzahl der Mitarbeiter, Umsatzvolumen und Marktanteil, Art und Weise der Zusammenarbeit zwischen den einzelnen Filialen und so weiter zu erkundigen. Und nachzufragen, ob die ausgeschriebene Stelle neu geschaffen worden ist oder warum sie neu besetzt werden soll. Tun Sie das nur, wenn Sie sich für die Antworten wirklich interessieren und diese in irgendeiner Form für Ihre Entscheidungsfindung relevant sind.
  Verschwenden Sie die Zeit nicht mit oberflächlichen Standardfragen. Sie tun sich damit gar keinen Gefallen: Denn erstens wirft das kein gutes Licht auf Sie als Bewerber. Und zweitens versäumen Sie so, die Dinge zu erfragen, die Ihnen wirklich wichtig sein sollten.

- Stellen Sie auf keinen Fall nur technisch-organisatorische Fragen wie: Was zahlen Sie als Einstiegsgehalt? Wie viele Urlaubstage gibt es in Ihrem Unternehmen? Wie ist das mit den Arbeitszeiten? Welche sonstigen Sozialleistungen bieten Sie? Natürlich vermittelt ein Bewerber, der nur derartige Fragen an das Unternehmen hat, nicht gerade den Eindruck, ein vielversprechender Kandidat voller Eigeninitiative, hoher Motivation und Lust auf Leistung zu sein. Vergeben Sie sich keine Chancen, sondern bereiten Sie sich intensiv vor und nutzen Sie die Zeit, um intelligente und relevante Fragen zu stellen.

- Sehen Sie das Ganze nicht als Pflichtübung und Frage-Antwort-Spiel. Lassen Sie sich auch hier auf einen Dialog ein. Fragen Sie genauer nach, wenn Ihnen etwas nicht ganz klar ist, und nutzen Sie auch diesen Teil des Gespräches, um sich als interessierte und engagierte Persönlichkeit zu präsentieren.

Im Folgenden finden Sie einige Vorschläge für Fragen, die Sie stellen können. Aber Achtung: Denken Sie bitte nicht „Je mehr Fragen ich stelle, desto besser". Im Gegenteil – hier ist Klasse statt Masse angesagt.

- Welche Erwartungen haben Sie an mich?
- Wie sieht in Ihren Augen der ideale Mitarbeiter aus?
- In Ihrer Anzeige sind „Flexibilität" und „Kommunikationsfähigkeit" als wichtige persönliche Voraussetzungen genannt. Was genau verstehen Sie darunter? Was tut ein Mitarbeiter, den Sie als flexibel und kommunikativ einschätzen?
- Wie würde mein typischer Arbeitstag ablaufen?
- Wie viel Zeit hätte ich, um mich in meine Aufgabe einzuarbeiten? Wie sieht die Einarbeitungsphase genau aus? Wer würde sich um mich in welcher Art und Weise kümmern?

Gerade wenn Sie zu den Menschen gehören, die Startschwierigkeiten haben, vielleicht nicht ganz so schnell lernen und sich erst fundierte Grundlagen aneignen müssen, um aus dem Vollen schöpfen zu können, sollten Sie diesen Punkt klären. Gibt es nämlich nichts, was den Namen Einarbeitungszeit verdienen würde, sondern werden Sie einfach ins kalte Wasser geworfen und sind von Anfang an auf sich selbst gestellt, tun Sie sich sehr schwer, einen guten Einstieg zu finden.

- Mit wie vielen Kollegen hätte ich unmittelbar zu tun? Wie sieht die Zusammenarbeit genau aus?
- Welche Art von Persönlichkeit passt am besten in das bestehende Team?
- Ich lege sehr viel Wert auf das Betriebsklima und verstehe darunter … Wie beurteilen Sie das Betriebsklima in Ihrem Unternehmen?
- Warum arbeiten Ihre Mitarbeiter gerne hier?
- Ich habe auf Ihrer Website einiges über Ihre Firmenphilosophie erfahren. Was mich besonders interessiert und worüber ich gerne mehr erfahren möchte, ist …

- Welche Karriere-Möglichkeiten und langfristigen Perspektiven bieten Sie an? Und was muss ich als Mitarbeiter leisten/einbringen, um weiterzukommen?
- Wie kommunizieren und kooperieren Mitarbeiter und Vorgesetzte miteinander? Gibt es Besprechungen, Einzel- und Teamgespräche?
- Welche Art von Feedback zu meinen Leistungen und meinem Beitrag würde ich als Mitarbeiter bekommen? Von wem, wie häufig und in welcher Form?
- Wie würde mein Arbeitsplatz aussehen?

Damit Ihre Fragen nicht aus dem Kontext gerissen wirken, können Sie auf das Gespräch selbst Bezug nehmen. „Sie haben vorhin gesagt, dass Ihnen eine konstante Fortbildung Ihrer Mitarbeiter wichtig ist. Das finde ich gut, weil es zeigt, dass sich das Unternehmen auch aktiv darum kümmert weiterzukommen – und jeder hat etwas davon. Wie sieht denn die Fortbildung konkret aus?"

Es gibt Bewerber, die im ersten Gespräch in Formulierungen verfallen, als wäre es schon beschlossene Sache, dass sie eingestellt werden. Da kommen dann Fragen in dieser Form: „Wer wird sich um meine Einarbeitung kümmern?" oder gar „Und wer genau sind unsere Kunden?". Das ist anbiedernd und kommt meist nicht gut an!

Ein Rundgang durch die Firma

Wie bereits erwähnt, bieten manche Unternehmen ihren Bewerbern eine Führung durch die Firma an, und Sie sollten diese Möglichkeit auf jeden Fall wahrnehmen. Wenn das nicht der Fall ist: Seien Sie proaktiv und sprechen Sie das Thema von sich aus an. Sagen Sie, dass Sie sehr daran interessiert sind, Ihren potenziellen neuen Arbeitsplatz zu sehen, um sich so ein klares Bild machen zu können. So stellen Sie wieder unter Beweis, dass Sie nicht einfach nur irgendeinen Job suchen und eigentlich gar keine klaren Vorstellungen haben. Sie zeigen, dass Sie wissen, worauf Sie Wert legen und deshalb so viele Informationen wie möglich sammeln, um auch den richtigen Arbeitsplatz zu bekommen. Das ist ja ganz im Sinne der Unternehmen.

Schlimmstenfalls wird Ihre Bitte abgelehnt. Aber auch das ist eine Information, die Ihnen für die Entscheidungsfindung nützlich sein kann. Sie entscheiden selbst, wie reizvoll ein solches Unternehmen für Sie ist.

Telefonieren im Bewerbungsprozess

Dem Telefon kommt eine wichtige Rolle bei der Bewerbung zu: Zum einen wird man häufig telefonisch kontaktiert, wenn ein Unternehmen noch einige Fragen hat oder direkt einen Termin vereinbaren möchte. Zum anderen ruft man eine Firma für Vorab-Informationen an oder möchte nachhaken. Schließlich gibt es nicht selten auch telefonische Interviews, für die sich beide Seiten entsprechend Zeit nehmen, um ein ausführliches Bewerbungsgespräch zu führen. Hier einige Tipps, wie Sie das Werkzeug Telefon vorteilhaft für sich einsetzen.

TIPP

Geben Sie nur Telefonnummern in der Bewerbung an, unter denen Sie gut erreichbar sind und auch frei sprechen können. Wer derzeit eine Arbeitsstelle hat, bei der niemand etwas von der Bewerbung wissen darf, wird sich schwer tun, bei dem Anruf eines interessierten Unternehmens relaxt zu reagieren. Auch das Angeben von Handynummern ist nicht unbedingt sinnvoll: Oder wollen Sie an der Käsetheke im Supermarkt einen Personalentscheider dran haben?

Keine Sorge: Ein Unternehmen, das an Ihnen interessiert ist, hinterlässt gerne eine Nachricht auf Ihrem Anrufbeantworter beziehungsweise ruft gerne noch einmal an, wenn es Sie nicht erreicht. Sofern Sie tatsächlich ständig unterwegs sind, erleichtern Sie dem Personalentscheider die Kontaktaufnahme, indem Sie ihm ungefähre Zeiten nennen, zu denen Sie am besten erreichbar sind.

Telefonische Vorab-Informationen einholen

Wenn Sie ein Unternehmen anrufen möchten, bevor Sie Ihre Bewerbung schicken, tun Sie das bitte nur, wenn Sie auch wirklich etwas zu sagen haben. Es gibt Bewerber, die irgendwo gelesen haben, dass es positiv ist, sich vorher telefonisch zu melden. Und dann rufen sie an und sagen „Ich habe Ihre Stellenanzeige gelesen …“ und wissen nicht mehr weiter.

Ihr Anruf kommt dann positiv an, wenn Sie
- einen guten Eindruck im Gespräch machen,
- ehrlich interessiert sind und konkrete, überlegte Fragen zur Position stellen.

Andernfalls ist der Anruf eher kontraproduktiv. Überlegen Sie sich bitte vorher, warum Sie überhaupt zum Hörer greifen sollten: Gibt es irgendwelche Fragen, die Sie klären möchten und die die Ausschreibung Ihnen nicht beantwortet? Möchten Sie nähere Informationen über das Unternehmen anfordern? Oder möchten Sie eigentlich nur in der Telefonzentrale nachfragen, wie der komplette Name des Ansprechpartners in der Personalabteilung lautet?

TIPP

Schreiben Sie sich Ihre Fragen auf! Dann passiert es Ihnen nicht, dass Sie in der Aufregung etwas vergessen.

Wenn Sie Fragen zur Stelle haben, fragen Sie konkret! Sie stehlen nämlich dem Personalentscheider Zeit, wenn Sie allgemein sagen: „Ich wollte mal hören, was die Aufgaben so sind." Ein Teil davon steht in der Ausschreibung. Was genau möchten Sie noch wissen?

Vermeiden Sie unvorteilhafte Formulierungen wie „Ich wollte mal fragen …". Das wirkt unsicher, zögerlich und ist unnötig: Seien Sie freundlich, aber kommen Sie auf den Punkt (das fällt Ihnen dann leicht, wenn Sie wissen, was Sie fragen möchten). Auch nicht empfehlenswert ist es, das Gespräch einzuleiten mit „Ich wollte mal fragen, ob eine Bewerbung überhaupt Sinn macht …" Entweder Sie interessieren sich für die Ausschreibung, dann bewerben Sie sich. Wie Sie sich selbst optimal präsentieren und Ihre Eigenschaften positiv herausstellen können, dabei hilft Ihnen dieses Buch. Wer anruft, um abzuchecken, ob er sich überhaupt bewerben kann, wirkt entweder total verschüchtert, oder aber der Personaler bekommt den Eindruck, dass Sie sich „die lästige Bewerbungsarbeit sparen möchten".

Vorbereitet sein: Ordnung am Telefon-Arbeitsplatz während der Bewerbungszeit

Während der Bewerbungsphase kann bei Ihnen jederzeit das Telefon klingeln. Sie sollten also entsprechend vorbereitet sein:

- Richten Sie sich für die Zeit der Bewerbungen einen „Arbeitsplatz" ein, das kann natürlich auch Ihr Wohnzimmertisch sein. Achten Sie darauf, dass Sie dort entspannt sitzen und in Ruhe telefonieren können.
- Legen Sie Kopien Ihrer Bewerbungen gut sortiert bereit. Dann wissen Sie auf den ersten Blick, um welches Unternehmen/ welche Position es sich handelt, haben die Adresse bereit etc.

- Schreib-Utensilien sind wichtig. Achten Sie darauf, mehrere Stifte griffbereit zu haben, falls einer davon den Geist aufgibt.
- Schließlich brauchen Sie wahrscheinlich noch Ihren Kalender, um Termine zu vereinbaren.

Anrufbeantworter

Wer einen Anrufbeantworter mit einer wahnsinnig lustigen Ansage hat, sollte respektvoll genug sein, diesen für die Bewerbungsphase neu zu besprechen: Es kommt nicht gut an, wenn einem als Personaler laute Musik entgegentönt, wenn man geduzt oder mit launigen Sätzen wie „Du wirst schon wissen, was du nach dem Pfeifton zu tun hast" begrüßt wird (alles Beispiele aus der Praxis).

Wählen Sie eine freundliche und natürliche Ansage, die dem Anrufer bestätigt, dass er richtig verbunden ist (durch Ihren Namen oder zumindest die Telefonnummer), bedanken Sie sich für den Anruf und versprechen Sie einen Rückruf, den Sie dann natürlich so bald wie möglich auch machen sollten.

Wichtig für die Terminvereinbarung: Vereinbaren Sie telefonische oder persönliche Gesprächstermine immer so, dass Sie selbst nicht in Hektik kommen! Lieber eine halbe Stunde später vereinbaren, wenn Sie dann mehr Ruhe haben. Wenn der Personalentscheider einen Termin vorschlägt, der aus irgendeinem Grund ungünstig für Sie ist, sagen Sie das ruhig und machen Sie einen anderen Termin aus. Manche Bewerber denken, sie müssten auf jeden Fall den ersten Vorschlag annehmen, weil sie sonst gar keinen Termin bekommen. Das stimmt natürlich nicht.

Das sollten Sie bei einem telefonischen Interview beachten

Für das telefonische Interview gilt alles, was Sie über das persönliche Gespräch gelesen haben, ganz genauso: Die gute Vorbereitung ist essenziell. Dadurch, dass Sie sich nicht sehen können, ist die Wahrnehmung Ihrer ganzen Person auf die Stimme und den Inhalt reduziert. Machen Sie sich diesen Aspekt bewusst und hören Sie sich selbst am Telefon auch zu!

Sieben Tipps zum wirkungsvollen Telefonieren

1. Seien Sie immer gut vorbereitet, was Unterlagen und Schreibzeug betrifft.
2. Suchen Sie sich einen ruhigen Platz/Termin, wo Sie konzentriert telefonieren können.
3. Sprechen Sie langsam, deutlich und mit Pausen.
4. Setzen Sie sich aufrecht und entspannt hin. Machen Sie ein freundliches Gesicht (aber locker, nicht verkrampft!). – Man hört Ihre Mimik und Haltung.
   Tipp: Stellen Sie sich einen Spiegel zum Telefon und schauen Sie während des Gespräches hinein.
5. Wenn Ihr Gegenüber länger erzählt, geben Sie ab und zu Rückmeldung, dass Sie noch da sind. Aber vermeiden Sie ständiges „Mhm. Mhm. Mhm.“.
6. Gehen Sie intensiv auf Ihren Gesprächspartner ein: Konzentrieren Sie sich 100-prozentig auf das Gespräch.
7. Machen Sie sich Notizen: Mit wem haben Sie gesprochen und, stichpunktartig, worüber.

Probetag oder „Schnupperwoche“

Viele Unternehmen bieten ausgewählten Bewerbern entweder einen oder mehrere Probetage an. Das bedeutet, dass die Bewerber – (noch) ohne einen Vertrag zu haben – für einen kurzen, begrenzten Zeitraum im Unternehmen mitarbeiten. So etwas ist für beide Seiten von Vorteil: Der Bewerber kann den Arbeitsalltag, die Tätigkeit, die Kollegen und die gesamte Atmosphäre „live“ erleben und aufgrund dieser Erfahrung entscheiden, ob er wirklich in das Unternehmen passt und der Job der richtige für ihn ist. Und das Unternehmen kann testen, wie der Bewerber sich im Arbeitsalltag und in der Praxis bewährt, wie er ins Team passt und inwiefern er den Anforderungen gewachsen ist.

Wenn Ihnen diese Möglichkeit angeboten wird, sollten Sie sie auf jeden Fall nutzen. Denn Sie schlagen gleich zwei Fliegen mit einer Klappe. Erstens senken Sie so die Wahrscheinlichkeit, an den falschen Job und das falsche Unternehmen zu geraten und sich bald nach etwas Neuem umschauen zu müssen. Und zweitens zeigen Sie dadurch, dass Sie mit Motivation und Engagement auf der Suche nach der wirklich passenden Aufgabe sind und alle Möglichkeiten wahrnehmen, um eine Fehlentscheidung zu verhindern.

TIPP

Nicht alle Unternehmen sprechen diese Möglichkeit von sich aus an. Seien Sie proaktiv und machen Sie selbst den Vorschlag, einen Probetag zu machen, wenn Sie echtes Interesse an dem Job haben. Sie können nur gewinnen: Entweder einen Job oder die Gewissheit, dass es nicht wirklich das Richtige für Sie war.

Inwiefern Sie einen finanziellen Ausgleich für die Schnuppertage bekommen, müssen Sie mit dem jeweiligen Unternehmen absprechen. Die Investition lohnt sich in jedem Falle, selbst wenn Sie gar nichts bezahlt bekommen.

Das Assessment-Center

Assessment-Center (kurz: AC) sollen dazu dienen, den besten Kandidaten für eine Position zu ermitteln. Der Begriff kommt von dem englischen Wort „to assess“: bewerten, abschätzen, beurteilen. Firmen, die AC einsetzen, finden sich in allen Branchen; besonders Beratungsunternehmen führen sie durch – für sich selbst oder für ihre Kunden.

Der Bewerber durchläuft eine Reihe von Tests, um die fachlichen und persönlichen Eigenschaften abzuchecken, die später in der Position gebraucht werden. Ein Assessment-Center kann von einigen Stunden bis zu zwei oder drei Tagen dauern. Es werden mehrere Bewerber dazu eingeladen, die dann sowohl in der Gruppe als auch einzeln Aufgaben bekommen. In der Regel handelt es sich um eine Mischung aus Wissenstests, Präsentationen, Teamarbeit und Aufgaben, bei denen die eigene Entscheidungskraft geprüft wird. Dazu kommen individuelle Interviews. Das Ganze findet unter Beobachtung statt: Mitarbeiter der Personalabteilung – in manchen Fällen auch ein Psychologe – machen sich eifrig Notizen. Geachtet wird eigentlich auf alles:

- Was hat man fachlich „auf dem Kasten“?
- Was gibt’s zur Persönlichkeit zu sagen?
- Wie geht der Kandidat mit den anderen Teilnehmern um (z. B. bezieht er sie ein oder dominiert er sie)?
- Wie bewegt er sich innerhalb der Gruppe (ist er aktiv oder zieht er sich zurück)?

Man kann nicht pauschal sagen, welches Verhalten gut ankommt – das hängt immer vom Unternehmen und von der Position ab. Positiv ist auf jeden Fall: aktiv mitmachen, Ideen einbringen, sich durchsetzen, gleichzeitig aber auch die Gruppe respektieren.

Wie können Sie sich optimal auf so ein AC vorbereiten?

Sie können eine ganze Menge tun, um sich auf ein Assessment-Center gut vorzubereiten:

- *Bekommen Sie Ihre Nervosität in den Griff.*
  Lesen Sie dazu auch die ausführlichen Tipps ab Seite 192.

- *Erleben Sie die Beobachter-Situation vorher.*
  Spielen Sie die Situation einfach mal im Bekanntenkreis durch. Lernen Sie, vor anderen Menschen zu sprechen. Fühlen Sie, wie es Ihnen geht, wenn Sie beobachtet werden und sich jemand Notizen über Sie macht. Und profitieren Sie von dem Feedback Ihrer Bekannten.

TIPP

Bitten Sie Ihre Freunde darum, ganz offen und auch kritisch zu sein: Was kommt gut? Was ist seltsam? Was kommt gar nicht an? Und warum? Sie möchten ja etwas lernen und keine höflich-nichtssagenden Statements bekommen.

- *Machen Sie sich mit Wissenstests vertraut.*
  Es gibt eine Fülle von Literatur und Webseiten, die sich mit Tests beschäftigen. Sehen Sie sich IQ-Tests und Persönlichkeitstests an: Machen Sie sich mit der Art der Fragestellung vertraut und üben Sie einige Aufgaben. Sie sind dann auf jeden Fall gut vorbereitet, was Wissens-, Logik- und Persönlichkeitstests betrifft.

- *Lesen Sie Literatur über Assessment-Center.*
  Speziell über AC gibt es eine Fülle von Ratgebern, zum Teil mit Übungsaufgaben. Auch ein gutes Buch nützt Ihnen, weil Sie im Vorfeld wissen, was auf Sie zukommt. Bitte werfen Sie Bücher, die Ihnen irgendein Schablonen-Verhalten aufdrücken wollen, umgehend in den Müll!

Nutzen Sie Literatur zur guten Vorbereitung, nehmen Sie Eindrücke auf und machen Sie sie für sich stimmig. Lernen Sie niemals irgendein Verhalten oder Antworten auswendig, weil sie Ihnen als Patentrezept verkauft wurden.

- *Lernen Sie, bewusst zu agieren.*
  Gemeint ist: Achten Sie auf sich selbst. Hören Sie sich selbst zu. Beobachten Sie sich selbst. Die meisten Menschen tun das nicht. So kann es beispielsweise sein, dass Sie bei Bemerkungen mit den Augen rollen, sich dessen aber nicht bewusst sind. Ihr Gegenüber aber merkt es und wird es entsprechend interpretieren. Und zwar nicht nur im AC ..., sondern im ganzen (Berufs-)Leben.

Das Wichtigste: Seien Sie authentisch! Denn nur dann kann sich das Unternehmen ein Bild von Ihnen machen. Es wäre außerdem kontraproduktiv, eine Stelle unter falschen Voraussetzungen zu bekommen. Denken Sie immer daran, dass Sie Ihrerseits herausbekommen möchten, ob das Unternehmen Ihnen liegt. Auch die Art, wie ein AC durchgeführt wird, verrät Ihnen etwas über die Firma. Sehen Sie sich also nicht einseitig in der „schwächeren“ Position: Auch Sie beobachten und verschaffen sich einen Eindruck.

TIPP

Auch in Pausen oder beim gemeinsamen Essen sollten Sie sich dessen bewusst sein, dass das Beobachten weitergeht. Bleiben Sie auch in lockerer Atmosphäre aufmerksam und erinnern Sie sich daran, warum Sie da sind.

Nutzen Sie das Assessment-Center auch, um Kontakte zu den anderen Teilnehmern zu knüpfen. Tauschen Sie sich aus, machen Sie sich den Aufenthalt angenehm, indem Sie sich persönlich kennen lernen. Wer sich in einer angenehmen Atmosphäre befindet, ist gelöster, weniger nervös und kann dadurch auch gleich viel klarer denken – und er selbst sein.

Anhang

Buchtipps

Beck-Texte im dtv: *Arbeitsgesetze*. München 2004.

Bolles, Nelson R.: *Durchstarten zum Traumjob. Das Handbuch für Ein-, Um- und Aufsteiger*. Frankfurt a. M. 2004.

Dick, Ulla: *Top im Job mit Soft Skills. Soziale Kompetenz von A–Z*. Nürnberg 2002.

Fey, Gudrun: *Kontakte knüpfen und beruflich nutzen*. Regensburg 2002.

Härter, Gitte: *Ja, nein, vielleicht? – Entscheidungen leichter treffen*. Nürnberg 2004.

Herrenbrück, Erika/Hoefler, Angelika: *Warum sollen wir ausgerechnet Sie einstellen? Das Kartentraining zum Vorstellungsgespräch*. Frankfurt a. M. 2002.

Hesse, Jürgen/Schrader, Hans Christian: *Assessment Center*. Frankfurt a. M. 2002.

Jähnchen, Patrick: *Vorstellungsgespräche*. München 2001.

Knackstedt, Udo: *Arbeitsverträge*. München 2002.

Mullins, Suzanne/Schürmann, Klaus: *Weltweit bewerben auf Englisch*. Frankfurt a. M. 2003.

Öttl, Christine/Härter, Gitte: *Initiativ bewerben*. München 2003.

Öttl, Christine/Härter, Gitte: *Networking*. Hamburg 2004.

Öttl, Christine/Härter, Gitte: *Zweite Chance Traumjob. Mehr Erfolg durch berufliche Neuorientierung*. München 2002.

Vollmer, Marianne: *Raus aus dem Haus: Bewerbungstraining für Mütter*. Regensburg 2000.

Webtipps

www.selbstmarketing.de
Website der Autorinnen mit zahlreichen Onlinetipps rund um Bewerbung und Karriere

www.studienabbrecher.com
Informationen für Studienabbrecher

www.zeitzuleben.de
Online-Magazin mit vielen Artikeln rund um Beruf, Persönlichkeit etc.

www.bewerbungsmappen.de
Bewerbungszubehör online bestellen

www.zeitarbeit-forum.de
Informationen rund um Zeitarbeit

Online-Stellenmärkte

www.consultants.de
www.jobrobot.de
www.sueddeutsche.de/jobcenter
www.stellenanzeigen.de
www.jobpilot.de
www.stepstone.de
www.jobscout24.de
www.arbeitsagentur.de
www.monster.de
www.jobs.ch

Suchmaschinen/-verzeichnisse

www.google.de
www.yahoo.de
www.lycos.de
www.fireball.de
www.altavista.de
www.metager.de

Freemail-Anbieter (kostenfreie E-Mail-Postfächer)

www.gmx.de
www.web.de
www.yahoo.de
www.freenet.de
www.hotmail.de

Über die Autorinnen

Christine Öttl und Gitte Härter waren fast ein Jahrzehnt im Management eines internationalen Medienkonzerns tätig und kennen Bewerberauswahl und Einstellungskriterien aus der Praxis. Seit 1999 sind sie gemeinsam selbstständig mit dem Coaching- und Trainingsunternehmen **objektiv.** in München.

Wir coachen und trainieren:

- zu Bewerbungs- und Karrierethemen
- in Führungs- und Kommunikationsfragen

Auf unserer Website www.selbstmarketing.de bieten wir Ihnen zahlreiche Online-Tipps zu Bewerbung, Karriere, Selbstmanagement und und und. Schauen Sie vorbei und bestellen Sie unseren kostenfreien E-Mail-Newsletter!

... und wir schreiben Bücher:
Bisher sind bereits über ein Dutzend erschienen, unter anderem zu den Themen Schlagfertigkeit, Teamwork, Networking, Ich-Marketing, Bewerbung, Organisation, Kundenakquise. Details zu unseren Büchern finden Sie auf unserer Internetseite.

Kontaktieren Sie uns:
objektiv. Coaching und Training für Business & Karriere
Christine Öttl/Gitte Härter
St.-Cajetan-Straße 10
81669 München
Tel. (0 89) 40 90 69 61
E-Mail: objektiv@selbstmarketing.de
Internet: www.selbstmarketing.de